スクラムの拡張による組織づくり

組織づくり

粕谷大輔
Kasuya Daisuke

複数のスクラムチームを Scrum@Scaleで運用する

技術評論社

本書に関する補足情報や正誤情報は、以下の本書サポートページを参照してください。

https://gihyo.jp/book/2023/978-4-297-13661-1

はじめに

筆者がアジャイルソフトウェア開発に興味を持ちはじめた当初、日本のソフトウェア開発の現場でアジャイルな開発をしている会社を探すのはとてもたいへんでした。しかし、転職活動の際に幸運に恵まれ、2012年にXPのプラクティスで開発をしているチームに入ることができました。モバイルゲームを開発する5人ほどのチームでした。これが筆者のアジャイルソフトウェア開発経験のスタートです。

そこから10年近くが経ち、多くの企業でアジャイルソフトウェア開発が試みられるようになってきました。アジャイルを題材にしたカンファレンスには毎回何百人もの人が訪れ、コミュニティも活況です。現在のアジャイル開発の現場ではスクラムが多く用いられており、転職活動の際にスクラムを採用している企業を探すのは、以前ほどは難しくなくなりました。

さまざまな現場で扱われるようになると、多様なニーズが生まれます。そのニーズの中には、「より大規模な開発をスクラムでやるにはどうすればよいか」というものがありました。これは人々にとってとても大きな関心事のようで、「大規模スクラム」をやるための数多くの手法が編み出されます。LeSS、Nexusなどです。日本のアジャイルコミュニティではLeSSの事例を多く見かけますし、日本語書籍も出版されています。

これらの「大規模スクラム」の手法はそれぞれに特徴を持っており、LeSSの導入事例が多いからといってそれが自分たちの現場にマッチするとは限りません。世の中にはさまざまなチームがあり事情はさまざまなため、選択肢はいくつかあったほうがよいでしょう。

本書ではそのような「大規模スクラム」の手法の一つである、Scrum@Scaleを中心に取り上げます。

本書では、はじめにスクラムをスケーリングする意義と難しさを考えていきます。これはスクラムやソフトウェア開発に限った話ではありません。「規模の大きなもの」を扱うことは本質的にとても難しい仕事です。第1章では、スクラムをスケーリングすることを通じて、そのような難しさを考えます。

第2章では、スクラムの用語を復習できるようにしました。スクラムに関する十分な知識を持っている方は読み飛ばしても問題ありません。本書はScrum@Scaleを中心に大規模なスクラムの解説をしていきます。Scrum@Scaleの解説では当たり前のようにスクラムに関する用語が頻出します。そのため、本書ではじめてスクラムに触れる方やスクラムを復習したい方は、第2章を参考にしてください。

続いて Scrum@Scale の解説に入っていきます。第3章ではイメージが湧きやすいように、ちょっとしたストーリー仕立てで Scrum@Scale による仕事の流れを説明します。

　その後、第4章と第5章で、第3章のストーリーの中に登場した用語などを詳しく解説していきます。これらの章の解説は公式ガイドを手がかりとしているため、本書を読むだけでも Scrum@Scale を理解できます。しかし、学習の際には原典にあたるのがとても重要です。公式ガイドを未読の人はぜひ本書を読んだあとに公式ガイドにも目を通してください。

　理屈だけを説明されてもなかなか実践には結び付きにくいものです。第6章では Scrum@Scale を導入する手がかりとして、導入順序の例を紹介します。

　最後の第7章では、筆者が実際に所属しているチームでの Scrum@Scale の取り組みを紹介します。これによって、現場での実践方法がイメージしやすくなるのを期待しています。

　本書では、公式ガイドだけではわかりにくい、より実践的な考え方などを加えることで、みなさんの現場へ適用する手助けになりたいと考えています。

　最後に、本書はたくさんの人のご協力によって完成しました。

　吉羽龍太郎さん、大友聡之さん、和田圭介さん、児山直人さん、湯川正洋さん、遠藤良さん、dairappa さん、山根英次さん、中村洋さん。これらの皆さんは本書全体のレビューをしてくださいました。

　石毛琴恵さん、増田謙太郎さんは、第3章の架空のチームの活動に対して、ゲーム開発の現場としてよりリアリティが出るようなアドバイスをいただきました。

　北濱良章さん、tunemage さんは、本書の骨子として最初に書き終えた時点の第4章の感想をくださり、その後の執筆継続の励みになりました。

　藤井善隆さんには同僚として第7章のレビューをしていただきました。

　執筆に疲れたときには、open air 湊山醸造所のビールはとても良いリフレッシュになりました。

　編集者の池田大樹さんは企画書の作成からすべての工程を伴走してくださり、この人がいなければ本書を作り切ることはできませんでした。

　執筆期間中は妻の支えによって、良い環境を維持できました。

　皆さん本当にどうもありがとうございました。

2023年7月

粕谷 大輔

目次
スクラムの拡張による組織づくり
複数のスクラムチームをScrum@Scaleで運用する

第**3**章

とあるチームのScrum@Scaleでの1スプリント　　33

第6章
現場へどのように導入していくか 121

第7章
Scrum@Scaleで運用される現場
チャットサービスの開発現場の場合 137

第 1 章

スクラムのスケーリングと
大規模の難しさ

　本書では、Scrum@Scaleというフレームワークを軸に、スクラムをスケーリングするためのやり方や考え方を説明します。具体的な内容へ入る前に、スクラムのスケールとはどのようなものなのかを考えてみます。また、Scrum@Scale以外のスケーリングの手法もいくつか簡単に紹介します。

スクラムをスケールするとはどういうことか

　スクラムは本来、10人以下で形成される1つの職能横断チームの動き方をガイドするために考えられた、軽量なフレームワークです。スクラムの定義が書かれている「スクラムガイド」[注1]には、複数チーム間の連携に関する説明はありません。スクラムを採用しているチームが2つ以上あり、それらが相互に協調する必要があるときには、その協調のためのしくみが別途必要です。そのため、複数のスクラムチームがどのように協調すればよいか、いろいろなやり方が考え出されてきました。本書で紹介するScrum@Scaleもその一つです。

　では、スクラムを複数チームで採用し、それらが協調したい場合とはどのような場合でしょうか。大きく分けて「1つのスクラムチームから増やしていく場合」と「大規模な組織に新しくスクラムを適用する場合」の2つがあります。それぞれのケースを見ていきましょう。

　ここからの説明では、「プロダクトバックログ」「インクリメント」などのスクラムに由来する用語をいくつか使っています。スクラムの解説はこのあとの第2章にありますので、用語に馴染みのない方は第2章を見ながら読み進めてください。

注1　https://scrumguides.org/docs/scrumguide/v2020/2020-Scrum-Guide-Japanese.pdf

1つのスクラムチームから増やしていく場合

　まずは「1つのスクラムチームから増やしていく場合」について、ある架空のチームを思い描きながら考えていきます。

● ── チームを増やしたくなる動機

　新しくソフトウェアサービスの開発がスタートすることになり、チームが作られました。そのチームにはプロダクトオーナー、スクラムマスター、エンジニアやデザイナーがいます。一般的にスクラムを始める場合は、小さなソフトウェアから仮説検証を繰り返しながら探索的に開発をしていくので、チームも小さいサイズで十分です。プロダクトオーナーとスクラムマスターを除いた開発者の数は4〜5人程度が適切です。

　さて、このチームによって開発が進んでいき、サービスが順調にユーザーに受け入れられると、やらないといけないことが少しずつ増えていきます。日々の機能開発に加えて、ユーザーから報告された不具合の修正や、カスタマーサポートの対応などにも手が取られるようになってきました。ビジネスサイドは競合に対抗するため、いくつかの機能開発を望んでいます。しかしその前に期日が明確に定められている法改正への対応をしなければなりません。このようにしてプロダクトバックログアイテムが積み上がっていきます。チームも、スプリントごとに改善を繰り返してどんどん効率良くインクリメントが生み出せるように成長していますが、生産性がある日突然2倍や3倍にはなりません。スプリントごとに安定してプロダクトバックログを消化していても、あとからどんどんやるべきことが追加されます。こうして積み上がるプロダクトバックログアイテムを目の前にして、メンバーの1人の頭にふとこのような思いがよぎるのです。「もっとたくさんの人がいれば、一度にたくさんの仕事ができるのに……」。

　このようにして、私たちは「チームを増やしたい」という考えに至るのです。

● ── 人が増えることでコストは大きくなる

　多くの人がいれば一度にたくさんの仕事ができると考えるのは自然です。しかしソフトウェア開発においては、この考え方を安易に取り入れるべき

ではありません。これは「人月の神話」の罠に陥っているからです。

　ソフトウェア開発の場合、タスクを担当する人どうしでの密なコミュニケーションが必要です。そのため、それに携わる人の数が増えるにつれて負担は急激に増加します。この負担の増加をわかりやすく説明したのが「ブルックスの法則」です。提唱者のFrederick Brooksは、著書の『人月の神話』の中でこのように書いています。

　コミュニケーションを図ることで増える負担は、教育・訓練および相互コミュニケーションの2つの部分からなる。（中略）これらの教育は分けることができないから、負担の増加分は要員数に合わせて線形に変化する。相互コミュニケーションとなるとさらにひどい。仕事の各部分がそれ以外の部分と個別に調整されなければならないから、そのための労力は、人がn人いれば、n(n − 1)/2に比例する。要員が3人なら、それぞれの相互コミュニケーションが2人のときの3倍、4人なら6倍必要になる。さらに、もしその要員が共同で問題解決にあたるための会議が必要となると、事態は一層ひどくなる。

──Frederick P Brooks, Jr. 著、滝沢徹／牧野祐子／富澤昇訳『人月の神話【新装版】』
丸善出版、2010年、p.17

　1つのスクラムチームの人数を増やして、たとえば1チーム10人とか15人で形成されるような形になるとします。そうするとブルックスの法則によってコミュニケーションにかかるコストは増大します。特にスクラムチームはメンバー間のコミュニケーションを緊密にやりとりしながら、チームによる自己管理を促進するための活動をしています。そこにたくさんの人数を押し込めるとその活動は阻害されてしまいます。

　スクラムチームの適切なサイズは、開発者が4〜5人ほどです。そうするとチームが2つあれば、チームの健全な状態を維持したまま全体の人数は8〜10人にできるのではないか、と考えたくなります。しかしいくらチームが分かれていても、人数が増えることでコミュニケーション量が大きくなるのは同じです。個人間のコミュニケーションだけでもたいへんなのに、それに加えて複数のチームが絶えず同期を取りながら仕事をするのはさらにたいへんです。本書では、どのようにして複数チームで同期を取りながら仕事をすればよいのかを全体を通して解説します。ですが前提として「関係する人の数

が増えるとコストは大きくなる」のは忘れないようにしてください。

●──── スクラムをスケールしない方法を考える

チームのスケールを考える前に、まずは1つのチームを維持したままうまくやる方法は本当にないのか、というのをギリギリまで考え抜いてください。

顧客からさまざまなフィードバックを得たり、ビジネスサイドから多くの機能開発の要望を受けたりしていると、やることはどんどん増えていきます。このようにして肥大化したプロダクトバックログであっても、優れたプロダクトオーナーは適切に扱っていくことができます。少ない労力で、プロダクトの価値を最大化するために本当に必要なものは何か。こうしたことに真剣にフォーカスしていくと、案外本当にやらないといけないことはそれほど多くないと気が付きます。やるべきことにしっかり焦点を絞って、そうでないものはスコープから外すなど、やることを少しでも小さくできないかを検討すべきです。

また、開発チームのキャパシティをさらに増やすことはできないかも検討材料となります。たとえば、繰り返しの作業を自動化する、フロー効率を高めて顧客に価値が届くまでのリードタイムを短縮する、などです。

スケールを検討する前に、できる工夫を最大限試しましょう。1つのチームが最大のパフォーマンスを発揮できるのは、チームの仕事がすべて自分たちで完結できるときです。

●──── 疎結合なスケールを検討する

人数が増えた場合に問題となるのはコミュニケーションコストであると先に説明しました。つまりチームが複数あったとしても、それらが常に同期的にコミュニケーションをする必要がなければ、大きなコストにはなりません。それぞれが独立して動くことができれば、スケールによる難度は大きく低減できます。

扱っているプロダクトのアーキテクチャに少し手を入れて、各チームが扱う範囲をそれぞれが独立して開発できるようにならないか、扱うドメインを分割できないかなどを検討するのもよいでしょう。この考え方は本書で解説

しているScrum@Scaleを組織に適用する場合にも役に立つ考え方です。

大規模な組織に新しくスクラムを適用する場合

　ここまで述べてきたような、1つのスクラムチームを起点にチームが増えていく場合は、事前にスケールするための準備ができるので、比較的簡単です。

　しかし、スクラムをスケーリングしたいと考えている組織は、すでにある程度の規模の開発組織が存在している場合が多いのではないでしょうか。つまり、最初から大規模な組織があって、そこにあとからスケーリングスクラムのフレームワークを当てはめて、組織全体をマネジメントしたい場合です。長い間運用されてきた組織構造がすでに存在している場合は、そこからの変革は困難を伴います。このケースでは、既存の組織構造、そこからの変革に対する抵抗勢力、すでに運用されているシステムのアーキテクチャなどが障壁になります。

●────大規模組織であっても最初は小さく始める

　先に述べた「ブルックスの法則」に示されるように、コミュニケーションの経路をできる限りコンパクトに保つのが大規模な組織で開発をうまくやるポイントです。

　仮に100人の開発組織があったとします。それが10人ずつの10チームに分かれており、それぞれが完全に独立して仕事ができる状態を考えてみましょう。組織をまたいだコミュニケーションがそれほど必要ないのであれば、やりとりはチームの中だけで完結します。この場合、組織のコミュニケーション経路の最大数は10人の開発組織とほぼ同じです。

　大規模な組織にスケーリングスクラムを導入する場合にも、これを念頭に置きます。

　すでにモノリスなシステム[注2]が稼働しているのであれば、コンポーネント

注2　複数の機能やサービスを1つのアプリケーションやモジュールで構成しているシステムをモノリスなシステムと呼びます。対して、機能やサービスごとにアプリケーションやモジュールを分割し、それらを連動して一連の機能を提供している構成をマイクロサービスと呼びます。

に分割して小さなチームが個々に独立して運用できるようなアーキテクチャを目指します。最初はスクラムチームを1つだけ立ち上げ、そこに少数の職能横断的な人材を集めます。そして、スプリントを繰り返しながら、既存のシステムからコンポーネントを切り出します。これを繰り返しながら2つ3つとスクラムチームを立ち上げていき、それらにスケーリングスクラムのフレームワークを当てはめていきます。こうして、コンポーネントごとにチームを組成し、コミュニケーション経路をコンパクトに保ちます。

　ただし、小さなチームを大きくするよりも、大きなチームを小さく分割するほうが当然複雑さは増します。原則としては、まだ組織や扱うソフトウェアのサイズが小さいうちから準備をするのが理想です。新規事業に取り組むチームなど、既存の組織構造とある程度切り離して独立して始められるような仕事があればやりやすくなります。まずはそれを行う専門チームだけをターゲットにしてスクラムを始める、というのもよくあるセオリーです。

スクラムのスケールは安易に選択すべきではない

　ここまで、1つのスクラムチームから始めるにせよ、最初から大きな組織にスクラムを当てはめるにせよ、いずれにしろそれは難しいことである、と説明しました。

　どのような場合であれ、規模の大きなものを扱うのは難しいです。まずはこれを念頭に置いたうえでスクラムのスケールに取り組んでください。規模の大きなものを大きなまま扱うのが難しいのであれば、規模の大きなものをできる限りコンパクトな要素に分割して扱っていくとよいです。

　スクラムをスケーリングする際は、どうすれば単純さを可能な限り維持し続けられるか。それを考え続けながら取り組むとうまくいく可能性は高くなるでしょう。

　最も機能しやすいスクラムチームは、1つのスクラムチームが機動的に動いている状態です。チームが増えるにつれ、複雑さは増していきます。これを十分理解したうえで、スクラムのスケーリングに取り組んでいきましょう。

さまざまなスケーリングスクラムのやり方

　本書は Scrum@Scale を中心にスケーリングスクラムの解説をしますが、参考のためにいくつかほかのフレームワークも簡単に紹介します。それぞれの詳細は、公式ガイドや専門に書かれた書籍などを参照してください。

　ここでは LeSS、Nexus を取り上げます。また、スクラムのスケーリングではありませんが、大規模な組織にアジャイルを適用するフレームワークとして SAFe も簡単に触れておきます。最後に Scrum@Scale の簡単な特徴も紹介します。

LeSS　1人のプロダクトオーナーと1つのプロダクトバックログ

　LeSS は「Large-Scale Scrum」の略です。

　LeSS は最大8チームまでの規模を想定しており、それを超える場合は「LeSS Huge」という形式に形を変えます。

　「LeSS はスクラムである」と公式サイトにも謳われているとおり、通常のスクラムをそのまま拡張したシンプルなフレームワークです。プロダクトバックログはプロダクト全体に対して1つであり、プロダクトオーナーも1人です。単一のプロダクトバックログに対して複数のチームで取り組みます。

　プロダクトバックログは1つですが、当然スプリントバックログはチームの数だけ必要です。まず、スプリントプランニング1ですべてのチームが一緒になって、どのプロダクトバックログアイテムをどのチームが担当するかを決めます。続いて、スプリントプランニング2では、チームごとに通常のスプリントプランニングを行います。

　スクラムとしての各チームの活動は、スクラムガイドが示す普通のスクラムを行うだけです。ですがプロダクトバックログリファインメントはチームごとに行われるものとは別に、チームの代表者が集まって全体で行うものがあります。これをオーバーオールプロダクトバックログリファイン

メントと呼びます。

　また、レトロスペクティブも各チームで開催するもののほかに、チームの代表者が集まる全体開催のものがあり、こちらはオーバーオールレトロスペクティブと呼びます。

　LeSSは日本語の書籍[注3]も出版されていますし、公式サイト[注4]も日本語化されており、日本国内での実践者も数多くいます。そのため、日本語で発表されている事例なども比較的豊富です。日本のアジャイルコミュニティのイベントなどに参加すると、LeSSを取り上げたセッションを多く目にします。

Nexus　統合チームが統合の責任を持つ

　NexusもLeSSと同様、プロダクトバックログは全体で1つです。

　Nexusにおける大きな特徴は、「Nexus統合チーム」というロールが定義されているところです。これは、各チームで制作したインクリメントを統合し、少なくともスプリントごとに統合インクリメントを作成する責任を持ちます。

　Nexus統合チームは、プロダクトオーナー、スクラムマスター、1人以上の統合チームのメンバーから形成されます。Nexus統合チームのメンバーであることは、個別のスクラムチームのメンバーであることよりも優先されます。したがって、Nexus統合チームと個別のスクラムチームのメンバーを兼務している場合は、Nexus統合チームとしてのタスクが常に優先されます。

　スプリントプランニングやスプリントレビューなどのスクラムイベントは、Nexus全体としてそれぞれ実施され、一定のリズムでスプリントのサイクルが回ります。

　公式サイト[注5]から日本語版のガイドを入手できますので、詳しくはそち

注3　Craig Larman／Bas Vodde著、榎本明仁監訳、荒瀬中人／木村卓央／高江洲睦／水野正隆／守田憲司訳『大規模スクラム Large-Scale Scrum(LeSS)──アジャイルとスクラムを大規模に実装する方法』丸善出版、2019年

注4　https://less.works/

注5　https://www.scrum.org/resources/nexus-guide

らを参考にしてください。

SAFe　エンタープライズ向けビジネスフレームワーク

　SAFe は「Scaled Agile Framework」の略です。

　これまで紹介してきた LeSS や Nexus、本書で取り上げる Scrum@Scale などは、「スクラム」を大規模向けに拡張するフレームワークです。SAFe はそれらと違い、名前が示すとおり、スクラムに限らずさまざまな要素を取り扱います。リーンやアジャイルを企業の既存の組織構造に適用しつつ大規模に実践するための、ナレッジベースのフレームワークです。スクラムや XP、システム思考、DevOps など非常に広範なナレッジを扱います。

　企業が持つ既存のマネジメントのしくみを活かしながらアジャイルを導入する方針として優れていますが、それゆえやや複雑なフレームワークになっています。プロダクトオーナーやスクラムマスターのスケーリングなど、Scrum@Scale との共通点も多いです。

　SAFe は、3つのレベル（チーム、プログラム、ポートフォリオ）で構成されています。チームレベルでは、アジャイルな開発手法を使用して、高品質のソフトウェアを迅速かつ効率的に開発します。プログラムレベルでは、複数のチームが協力して大規模な機能を開発し、一緒にリリースします。ポートフォリオレベルでは、組織のビジョンや目標に基づいて、投資計画やリリース戦略を策定します。

　SAFe は、組織がアジャイルな文化を受け入れ、適切な方法でアジャイル開発を導入するための包括的な方法論です。日本国内でも大企業などでいくつか採用事例を見かけます。

Scrum@Scale　プロダクトオーナーをスケールする

　本書では一冊を通じて Scrum@Scale を中心に取り上げます。Scrum@Scale では、開発現場の How の部分を担うスクラムマスターサイクルと、What の部分を担うプロダクトオーナーサイクルの2つが定義されています。

　スクラムマスターサイクルは、開発チームが複数で連携するためのやり

方を定義しています。プロダクトオーナーサイクルは、複数の開発チーム
が連携するために、それぞれのチームに所属するプロダクトオーナーたち
の仕事のやり方を定義しています。

　このように Scrum@Scale は、開発チームのスケールだけではなく、プロ
ダクトオーナーのスケールも扱っているのが大きな特徴です。

　ここで紹介したほかのスケーリングスクラムは、1つのプロダクトバック
ログを複数チームで扱います[注6]。対して、Scrum@Scale は協調するスクラ
ムチームごとにプロダクトバックログを持ちます。そのため、組織全体で
複数のプロダクトを扱っているような場合でも、その全体を1つのスケー
ルされたスクラムとして動かしていくことが可能です。

大規模スクラムの導入と組織文化

　大規模スクラムの導入は、組織の広い範囲を巻き込まないといけないた
めに骨が折れます。一方で、社内のある1つのチームが独自にスクラムを
導入したいと考えた場合は、チームの中だけで多くを完結できます。

　5〜6人ほどのチームに所属しているメンバーの1人が、参加したカン
ファレンスで大きな感銘を受けてスクラムを導入したいと考えました。その
メンバーは、独自に書籍やコミュニティなどでスクラムマスターとしての
仕事を学習します。

　さらにその人は、チームメンバーに対してスクラムを導入したい熱意を
伝えます。そして自らがスクラムマスターを買って出て、スクラムガイド
にしたがってチームの活動を整えていきます。

　その結果チームがスプリントごとに各スクラムイベントをこなしながら

注6　LeSS をより大規模に拡張する LeSS Huge には「エリアプロダクトオーナー」という複数のプロダクト
オーナーが登場し、複数のプロダクトバックログを扱います。しかし LeSS を採用する多く
の現場では、1つのプロダクトバックログを複数チームで扱う事例が多いため、ここでは「ほかの
スケーリングスクラムは、1つのプロダクトバックログを複数チームで扱います」としました。

活動する型ができれば、そのチームは「スクラムを導入した」と言える状態になるでしょう。

ひょっとしたら、プロダクトオーナーをスクラムチームのメンバーとしてしっかり巻き込んでいくのは少し骨が折れるかもしれません。それでも1つのチームがスクラムを導入するレベルであれば、このようにチームの内部だけのボトムアップな活動でもなんとかなります。

一方、複数チームにスクラムを導入する場合はこのように簡単ではありません。

大規模スクラムの導入は組織的な支援が必要

1つのチームだけにスクラムを導入するケースと異なり、複数チームが大規模スクラムのフレームワークにのっとって活動するためにはボトムアップだけでは不十分です。5人とか10人といった少数の人たちの意識を変えるには、草の根活動でもなんとかなるでしょう。しかし大規模スクラムを動かすためには、場合によっては何十人という人が足並みをそろえていく必要があります。

特に、これから紹介していく Scrum@Scale では、CEO（*Chief Executive Officer*、最高経営責任者）や CTO（*Chief Technology Officer*、最高技術責任者）、人事の責任者といったエグゼクティブの協力が不可欠です。

まずは組織内にあるどれか1つのチームにスクラムを導入してみよう、というように最初に小さく始めるのはかまいません。しかし、大きな規模で組織に対して何かを導入する場合は、どこかの段階でトップダウン的なアプローチが必要になってきます。

大規模スクラムの導入を成功させるための大きなポイントとして、トップダウンなアプローチができる人を必ず巻き込むべきです。そして、組織全体の文化を変えていかなければなりません。

大規模スクラムを成功させる「動機付け」

スクラムに限らず組織づくりのために重要なのは、メンバーのモチベー

ションをどう喚起していくかです。

Daniel Pinkの『モチベーション3.0』[注7]では、「外発的動機付け」と「内発的動機付け」が解説されています。

「外発的動機付け」とは、メンバー個人の外側に由来するものを動機としてモチベーションを引き上げることを言います。報酬であったり、評価や称賛であったりなど、これらはメンバーが所属する組織におけるルールづくりなどによって引き起こせます。

「内発的動機付け」は、次の3点の要素によって引き起こされます。「自律性」「熟達」「目的」です。

「自律性」は自分に裁量がある、という感覚。「熟達」は、難しい仕事を達成できる能力。「目的」は自分が成し遂げようとする事柄です。

「内発的動機付け」はメンバー個人の内側から沸き起こるものですが、それと同時に組織的な支援が必要です。

「自律性」を実感するためには、メンバーに仕事に対する裁量を持たせる必要があり、マイクロマネジメントな現場では実現できません。「目的」も、単なる個人的な目標にとどまっていてはいけません。所属するチームのゴールや、その先にある会社としてのゴールと地続きの目標となっていることで、より強力に組織に貢献できる力となっていきます。

このように、外発的動機付けや、内発的動機付けをうまく組織の目指す方向とそろえていくと、組織としての目的達成に近付いていけます。

第4章で詳しく説明しますが、Scrum@ScaleにはEATやEMSというリーダーシップグループの定義があります。特にEATは、組織全体の変革の起点となります。意思決定の中核を担うEATが明らかにした変革のビジョンに従い、Scrum@Scaleで定義された組織構造を通して変革のモチベーションが各チームへ伝播します。このようにScrum@Scaleの中にはトップダウンで変革を推進していくための構造が備わっています。

このような観点からも、大規模スクラムの導入や、そこに起因する組織づくりにおいてトップダウン的なアプローチが欠かせないことがわかります。

注7　Daniel Pink著、大前研一訳『モチベーション3.0——持続する「やる気！」をいかに引き出すか』講談社、2010年

まとめ

　本章では、Scrum@Scale の解説へ入る前提として、スクラムのスケールそのものに焦点を当てました。

　人が増えることによりコミュニケーション経路が複雑化することで、チーム活動のコストが上がってしまうことに問題があります。また、大きな物事を扱うのは本質的に難しいものです。

　そのため、なるべくコミュニケーション経路が少ない状態を保ち、スクラムを導入する場合はできるだけ小さく始めることが重要です。

第 2 章

スクラムのおさらい

　本書の主題であるScrum@Scaleは、スクラムを拡張するためのフレームワークです。そのため解説にはスクラムの用語が頻出します。主題へ入る前に、まずは基本となるスクラムそのものをおさらいしましょう。「すでにスクラムの多くを知っていて用語などの解説は必要ない」という方は、本章を読み飛ばして第3章へ進んでも問題ありません。

スクラムとは

　スクラムはKen SchwaberとJeff Sutherlandによって考案されました。共同考案者のJeff Sutherlandは、このあとの章で解説するScrum@Scaleの考案者でもあります。よく知られた話ですが、その源流は実は日本にあります。1986年に『ハーバード・ビジネス・レビュー』に掲載された、竹内弘高氏と野中郁次郎氏による論文「The New New Product Development Game」がスクラムの着想の元となっています。この論文の中で、竹内氏と野中氏は、新製品開発においては「ラグビーでボールがチーム内でパスされ、チームが一丸となってフィールドを移動する」ようなアプローチが今日の競争の中では合っている、と説明しています。

　考案者の2人は、このようにラグビーにたとえられる特徴的な仕事の進め方にちなんで、自分たちが考案した新しい開発プロセスをスクラムと名付けました。

経験主義の三本柱

　近年では、IT業界以外のさまざまな業態でも活用している例が増えていますが、もともとスクラムは、ソフトウェア開発のためのプロセスとして作られました。

　ソフトウェア開発の難しさの要因はいくつかありますが、その中の一つに「不確実性」が挙げられます。『アジャイルな見積りと計画づくり』では、

ソフトウェア開発の見積りの難しさに対して、「不確実性コーン」[注1]と呼ぶ
図(**図2.1**)を例に出しつつこのように説明しています。

図2.1　不確実性コーン

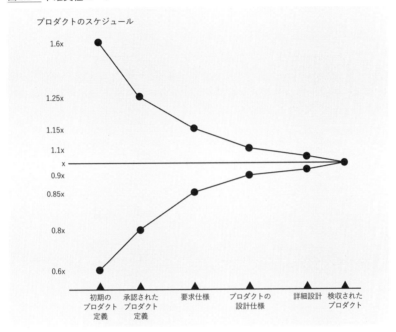

この不確実性コーンからは、初期のプロジェクト定義の段階では見積りに60%
から160%に及ぶ誤差が生じることがわかる。つまり20週間かかると見積もられ
たプロジェクトは、実際には12週間から32週間かかることになる。

　　　──Mike Cohn著、安井力／角谷信太郎訳『アジャイルな見積りと計画づくり──価
　　　値あるソフトウェアを育てる概念と技法』マイナビ出版、2009年、p.26

　このような予測の難しい仕事に対して、スクラムでは「経験主義」という
アプローチを採ります。プロジェクトの初期の段階から精度の高い予測は
不可能なため、経験を確かな手がかりとして重視します。最初から遠い未

注1　1981年にBarry Boehmにより発表され、後にSteve McConnellが名付けました。

来まですべてを精緻に計画するのではなく、計画から実装、リリースまでを短い期間で反復的に行います。そして都度フィードバックを得て新しい発見や経験を蓄積し、その経験に基づいて予測の精度を上げていきます。

スクラムでは、この経験主義を実現するための「三本柱」が定義されています。「透明性」「検査」「適応」の3つです。

●──透明性

自分たちの仕事のあらゆる物事を見えるようにします。作業の状態・問題点・課題など、仕事の様子をチームメンバーや関係者全員に共有し、それらを検証可能にします。

●──検査

自分たちの仕事の状況や進め方に問題はないか、問題があるのであればそれをどう解決するか、どのように仕事の障害物を取り除いていくかなどを検査します。また、より良い仕事のやり方に改善していく方法なども検討していきます。

●──適応

「検査」によって問題点が判明した場合や、これまでよりさらに良い仕事のやり方を発見したといった場合などに、仕事のプロセスを変更します。これを繰り返しながらムダを省き、チームの能力を高めていきます。

スクラムの価値基準

スクラムの実践者は、以下の5つの価値基準に基づいて振る舞います。

- 確約(*commitment*)
- 集中(*focus*)
- 公開(*openness*)
- 尊敬(*respect*)
- 勇気(*courage*)

　日々の活動の中で下されるさまざまな意思決定や、実際に行われる仕事、スクラムの使用方法はすべてこれらの価値基準を強化するものでなければなりません。

　それぞれの価値基準の説明をスクラムガイド[注2]より引用します。

　スクラムチームは、ゴールを達成し、お互いにサポートすることを確約する。スクラムチームは、ゴールに向けて可能な限り進捗できるように、スプリントの作業に集中する。スクラムチームとステークホルダーは、作業や課題を公開する。スクラムチームのメンバーは、お互いに能力のある独立した個人として尊敬し、一緒に働く人たちからも同じように尊敬される。スクラムチームのメンバーは、正しいことをする勇気や困難な問題に取り組む勇気を持つ。

　　　　　　　　　　　　　　　　　　　　　　　　　　──スクラムガイド

3つの作成物、スクラムチーム、5つのイベント

　スクラムはとても軽量なフレームワークです。スクラムガイドで定められている、3つの作成物・スクラムチーム・5つのイベントを順に説明します。

注2　https://scrumguides.org/docs/scrumguide/v2020/2020-Scrum-Guide-Japanese.pdf

スクラムにおける3つの作成物

はじめに3つの作成物を説明します。作成物全体のおおよそのイメージは**図2.2**のようになります。

図2.2　スクラムの作成物のイメージ

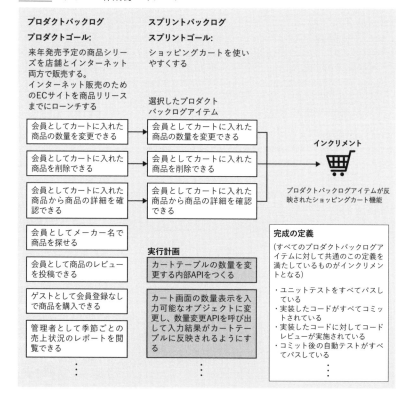

プロダクトバックログ

スクラムチームの計画の目標となる、プロダクトの将来の状態をプロダクトゴールと言います。プロダクトゴールとそのゴールを達成する「What」

を定義した一覧が、プロダクトバックログです。

　プロダクトバックログは、スクラムチームが仕事をするためのインプットとなるリストです。このリストは、その項目を実現したときに得られる価値や実現するためのコスト・リスクなどを考慮して並べます。スクラムチームはこのリストの上から順番に1つずつ仕事をしていきます。リストに並んでいる項目をプロダクトバックログアイテムと呼びます。

　複数のプロダクトバックログアイテムを束ねて「優先度A、B、C」のような分類をするのはよくあるアンチパターンです。これでは、同じ優先度に分類している複数のアイテムをどの順番で実行すればよいかがわかりません。

プロダクトバックログリファインメント

　プロダクトバックログは作って終わりではなく、常に手を入れます。過去に開発した機能に対して得られたフィードバックなどを加味し、新しくアイテムを追加したり、順番を並び替えたりします。

　すべてのプロダクトバックログアイテムを詳細に検討している必要はありませんが、着手が近付いているものは着手可能な状態になっていないといけません。着手可能な状態とは、完成するための条件（受け入れ基準）が明確で、完成するために必要な情報がすべてそろっており、チームがそれらを十分に理解している状態です。粒度が粗ければ、それを整えたり、項目を分割したりして適切なサイズになっている必要があります。

　図2.3はプロダクトバックログのイメージを表したものです。四角い枠の一つ一つがプロダクトバックログアイテムです。隣に書いてある数字は、プロダクトバックログアイテムの見積もりの数字（プロダクトバックログアイテムの大きさ）を表しています。

　プロダクトバックログは、プロダクトオーナーの責任によって管理します。プロダクトバックログアイテムを作ったり整えたりする作業は、プロダクトオーナー自身がやることもあれば、ほかのメンバーに委任することもあります。

　プロダクトバックログアイテムの上位の項目を詳細に検討し、分割したり見積りをしたりして着手可能な状態にする作業を必要に応じて実施します。これを「プロダクトバックログリファインメント」と呼びます。

図2.3　プロダクトバックログのイメージ図

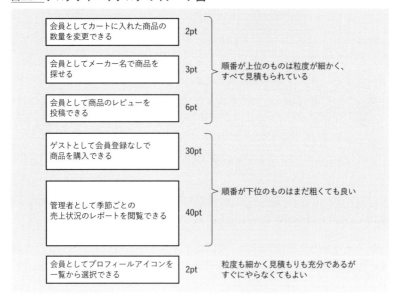

スプリントバックログ

スプリントバックログは、次の3つの要素をまとめたものです。

- スプリントゴール
- スプリント（後述）向けに選択したプロダクトバックログアイテム
- インクリメントを届けるための実行計画

これらは後述する「スプリントプランニング」で作成されます。

プロダクトバックログアイテムが完成するために必要な作業項目が、すべてそろっているのが理想です。しかし、開発者のための作業計画となるため、実際に開発に着手してから気付く内容もあります。そのためこれはスプリントの途中で増えたり減ったりしてもかまいません。

開発者は常にスプリントゴールを念頭に置いて作業をします。スプリントの途中で作業が当初の予想と異なることが明らかになった場合は、スプ

リントゴールに影響を与えないように、プロダクトオーナーと交渉してスコープを調整します。

　1つの作業項目は1日以内に終わるサイズとするのが一般的で、できれば2時間〜3時間といった小さいサイズになっているのが理想です。1日以内で完了するサイズに保つことで、後述する「デイリースクラム」で進捗を検証しやすくなります。

インクリメント

　インクリメントは、チームがスプリントゴールを達成し、その結果を積み重ねることでプロダクトゴールに近付いていくための作成物です。スプリントで作成した複数のインクリメントをまとめたものを後述する「スプリントレビュー」で検証します。そのため、評価可能でなければなりません。一般的には実際に動作するソフトウェアである場合が多いです。スプリントによっては、技術調査によって得られたレポートや作成したドキュメントのこともあります。

　作成したインクリメントは、プロダクトの品質基準を満たさなければいけません。スクラムではその基準のことを「完成の定義」と呼びます。たとえば、「自動テストが実装されていて、マージ後のCI（*Continuous Integration*、継続的インテグレーション）が通っており、性能要件を満たしている」などです。SaaS（*Software as a Service*）サービスのヘルプドキュメントをインクリメントにする場合は、「そのドキュメントを翻訳した英語版がある」といった内容が完成の定義になることもあるでしょう。完成の定義は、すべてのプロダクトバックログアイテムに共通して適用します。プロダクトバックログアイテムごとに決められる受け入れ基準とは異なる点に注意してください。

スクラムチーム

スクラムチームは、複数人の開発者と1人のプロダクトオーナー、1人の
スクラムマスターで形成されます。

開発者

開発者は、インクリメントを作成する具体的な作業をする人たちです。

スクラムチームの開発者はエンジニアだけに限りません。チームのイン
クリメントにデザインが必要であればデザイナーがチームに所属します。
サーバでのみ動作するアプリケーションを作るチームであれば、iPhoneや
Androidなどのモバイルアプリケーションを開発するスキルは必要ありま
せん。このように、必要な能力を過不足なくそろえたチームを「クロスファ
ンクショナル（職能横断）チーム」と呼びます。

チームがクロスファンクショナルでない場合はどうなってしまうでしょ
う。モバイルアプリケーションの開発プロジェクトにおいて、サーバ開発
者とモバイル開発者が別のチームである場合を考えてみます。この場合、
動作するソフトウェアが1つのチームの活動だけでは完成しません。サー
バ開発者のチームが必要な実装をすべて終えても、モバイル開発者のチー
ムがまだ仕事を終えていなければアプリケーションはリリースできないか
らです。完成のためには2つのチーム間の調整やコミュニケーションが必
要です。こうなってしまうとチーム間の相互のやりとりがボトルネックに
なり、結果として開発スピードは低下します。

プロダクトオーナー

プロダクトオーナーは、その名のとおりプロダクトに責任を持ちます。
このチームで何を作るのか、プロダクトの価値を最大化するためには何を
するのかを考え、それをプロダクトバックログとして表現します。

　開発が進み、いくつかの機能をリリースしはじめると、プロダクトに対してさまざまなフィードバックが寄せられます。プロダクトオーナーはフィードバックを踏まえてプロダクトバックログアイテムの追加・更新・削除をし、順番を並び替えて最新の状態に保ちます。

　プロダクトに関連するステークホルダーなど、チームの外の人たちとコミュニケーションし協調するのもプロダクトオーナーの仕事です。

スクラムマスター

　スクラムマスターは、スクラムの理論とプラクティスをスクラムチームや組織に理解してもらうように支援します。また、スクラムチームの仕事の障害物となっているものがあれば、それを取り除きます。スクラムチームが可能な限り仕事に集中できる環境を作るためにあらゆることをします。

　しかし、作業主体はあくまでもスクラムチームにあります。スクラムマスターが開発者の代わりに何か具体的な作業を担当することはありません。

　スクラムガイドでは、スクラムマスターは「より大きな組織に奉仕する真のリーダーである」とされています。サーバントリーダーシップを発揮し、スクラムチームの活動を支えます。

　スクラムマスターはこれらの仕事を適切にこなすため、常にチームの状況を観察していなければなりません。スクラムマスターが別の仕事を兼任している現場をときどき見かけますが、スクラムマスターも重要なチームのメンバーですから、専任すべきです。

スクラムチームの人数

　スクラムチームは一般的に小さなチームです。ソフトウェア開発のように双方向の緊密なコミュニケーションが必要な仕事をする場合、人数が多くなればコミュニケーションパスが複雑になります。そのため、仕事をスムーズに進めることが難しくなります。ではどのくらいの人数が適切なのでしょうか。

　スクラムガイドにはスクラムチームの適切なサイズを表す記述がありま

すが、興味深いことにその内容は版を重ねるごとに少しずつ変化しています。その推移を見てみましょう。

　2010年に公開された最初のスクラムガイドでは、このように書かれています。

チームに最適な規模は、7±2名である。チームメンバーが5名未満の場合、相互作用が少なく、生産性の上昇が低い。（中略）チームメンバーが9名を超える場合、単純に調整する量が多くなってしまう。大きなチームは、経験的プロセスを管理するにはあまりにも複雑である。

——スクラムガイド

　ここでは、「7±2名」とかなり厳密に人数が定義されています。それがそのあとの2013年版ではこのように改訂されました。

開発チームに最適な人数は、小回りがきく程度に少なく、1つのスプリントで重要な作業が成し遂げられる程度に多い人数である。開発チームのメンバーが3人未満の場合は、相互作用が少なく、生産性の向上につながらない。（中略）メンバーが9人を超えた場合は、調整の機会が多くなってしまう。

——スクラムガイド

　2010年版では「5名未満」だと相互作用が少なくなると懸念されていました。それが2013年版では「3人未満」となっており、もう少し小さいチームのサイズでも効果的な仕事ができるように示されています。

　そのあと、このチームの人数の記述は2020年版でさらに改訂されています。

スクラムチームは、敏捷性を維持するための十分な小ささと、スプリント内で重要な作業を完了するための十分な大きさがあり、通常は10人以下である。一般的に小さなチームのほうがコミュニケーションがうまく、生産性が高いことがわかっている。

——スクラムガイド

人数の具体的な下限を示す記述が消えました。当初「7 ± 2名」と厳密に定義されたチームの人数は、版を重ねるごとに少しずつ変化しています。これは、スクラムを実践するチームが増え、さまざまな事例が蓄積された結果を反映しているのでしょう。いずれの版でも、10人を超えると効果的な仕事は難しくなる、となっています。

本書では、このあとの章でScrum@Scaleというスクラムを大規模で運用するフレームワークを紹介します。スケーリングスクラムは、たくさんの人数で仕事をすることに主眼を置いたやり方です。ですが、あくまでもスクラムチームという最小単位はどのようなスケーリングスクラムのやり方を採用しようと変わりません。最小単位であるスクラムチームとして適切なサイズはどのくらいなのか。これはスケーリングスクラムを考えるにあたっても大事な観点になりますので、もう少しだけ掘り下げておきます。

チームサイズについて有名な言葉の一つに、Amazonの創業者であるJeff Bezosの「2枚のピザルール」(two pizza rule)があります。チームの最適な人数は2枚のピザを分け合える程度である、とされており、5〜8人[注3]くらいとなります。

続いてGoogle re:Work[注4]を見てみます。Google re:Workは、Googleによる組織や働き方についての事例や研究を紹介しているサイトです。ここでもチームサイズについての記述があります。これによると、意外なことに「Google社内のチームの効果性にそれほど影響していない変数」として「チームの規模」が挙げられていました[注5]。一方で、「規模の重要性を示す研究は数多く存在します」とも書かれており、人数の少ないチームのほうが成功しやすい、と指摘するいくつかの研究を紹介しています。

これ以外にもチームサイズの事例や研究はたくさんありますが、いずれも「なるべく小さなサイズを維持するのがよい」というのが共通の見解のようです。

注3　アメリカのピザのサイズは大きいので日本人の感覚だとあと1枚ピザを増やしてもよいかもしれません。

注4　https://rework.withgoogle.com/jp/

注5　https://rework.withgoogle.com/jp/guides/understanding-team-effectiveness/steps/identify-dynamics-of-effective-teams/

スクラムにおける5つのイベント

最後に、スクラムで実際に行う5つのイベントを見ていきます(**図2.4**)。

図2.4　スクラムの全体的な流れ

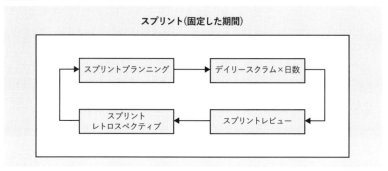

スプリント

スプリントは、ある決まった長さで区切られた、仕事をするための作業期間です。スクラムにはスプリント以外に4つのイベントがありますが、スクラムガイドにはスプリントを「それら(4つのイベント)※引用者補足を包含するイベント」と書かれています。

1週間や2週間など、1ヵ月以内の決まった長さが設定されます。スクラムガイドでは「スプリントはスクラムにおける心臓の鼓動」と表現されています。そのたとえのとおり、一貫性を保つために期間は必ず一定でなければなりません。

仮にスプリント内で仕事がすべて終わらなかったとしても延長はしません。終わらなかった仕事は、いったんプロダクトバックログに戻します。そしてスプリント自体は終了します。仕掛り中のものは、プロダクトオーナーがあらためてほかのプロダクトバックログアイテムと同列に順番を検討します。場合によってはそのままやらずに捨てることもあります。

本章の冒頭で、スクラムは経験主義であると書きました。スプリントは、

この経験主義的アプローチの根幹です。短いサイクルで計画し、実装し、検証し、その結果をフィードバックとして学習して次の計画を作ります。つまり、スプリント期間が長いと、その経験と学習のサイクルが長くなります。また、1つのスプリントでやるべき仕事が複雑になります。より多くの学習機会を得てコンパクトにサイクルを回すことが、スクラムの成功の秘訣です。ただし、短すぎるとスプリント内で意味のあるインクリメントが作れない場合もあるため、プロダクトの規模や性質などに応じて検討してください。

スプリント期間に関して、少し注意しておきたいことがあります。いつもスプリント内ですべての仕事が終わらない、といった場合です。この場合に安易にスプリント期間を延ばすのは得策ではありません。プロダクトバックログアイテムのサイズが大きすぎるか、選択したプロダクトバックログアイテムの数が多すぎるなどいくつかの理由が考えられるからです。スプリント期間はよほどのことがない限りは固定化し、いかにその期間内に価値をしっかり生み出せるかにこだわるほうがうまくいきます。

スプリントは、プロダクトオーナーの権限で中止できます。スプリントの途中で状況が変化し、これ以上続けても意味がない、となった場合です。何かしらの要因によって、このスプリントの成果をプロダクトに入れても価値を産まない、または価値を毀損することが明らかになったといった場合に、プロダクトオーナーはスプリントを中止します。

スプリントプランニング

スプリントは、スプリントプランニングからスタートします。ここが起点です。

スプリントプランニングは、スプリント内で実行する作業を計画する場です。ここでスプリントバックログを作ります。

スプリントプランニングでは、次の3つのトピックを話し合います。

● **このスプリントはなぜ価値があるのか?**
プロダクトオーナーは、まずチームに対してこのスプリントで何を達成

したいのか、プロダクトの価値をどのように高めたいのかを伝えます。

　それを受けてチームは、スプリントレビューでステークホルダーに伝える、このスプリントで達成した成果となる目標を設定します。これをスプリントゴールと呼びます。スプリントゴールは、このスプリントの目的を端的に表現します。そしてそれはプロダクトの価値に結び付いているべきです。たとえば「商品検索機能を実装する」というような表現ではなく、「ユーザーは自分の欲しい物を探せる」といった表現になります。

●──── このスプリントで何ができるのか？

　続いて、プロダクトオーナーと開発者との話し合いを通じて、プロダクトバックログアイテムを選択します。

　これまでの過去のスプリントの実績から、チームとして1スプリント内に終わらせられる仕事のボリュームはおおよそわかっています。このチームのキャパシティを考慮に入れつつ、完成の定義の理解を深めながら今回のスプリントで実現したいアイテムを今回のスプリントに含めます。

●──── 選択した作業をどのように成し遂げるのか？

　最後にスプリントゴールをどのように成し遂げるかを話し合います。必要に応じてプロダクトバックログアイテムを1日以内に完了できるサイズの作業項目へ分割します。これらはスプリント期間中に行うべき具体的な作業項目の検討であり、開発者の裁量によって実施します。このように具体的な作業項目への分解と実行により、スプリントゴールを確定していきます。

　スプリントゴールはスプリントの唯一の目的であり、開発者が確約（コミットメント）し、スプリントプランニングの終了までに確定します。

デイリースクラム

　デイリースクラムは、スプリントゴールに対する進捗を検査し、次のデイリースクラムまでの計画を作成する15分のイベントです。毎日同じ時間に開催します。朝に集まってその日の計画を議論してもよいし、夕方に集

まって翌日の計画を議論してもかまいません。

　スクラムは小さな学習のサイクルを繰り返しながら仕事を進めるフレームワークです。デイリースクラムは、その学習サイクルの1日単位のチェックポイントです。スプリントゴールの達成に向かって順調に進んでいるかを検査し、1日をどう過ごすべきかを議論します。

　よく、デイリースクラムが単なる進捗報告の場になってしまっている様子を目にしますが、これは正しい姿ではありません。デイリースクラムは毎日訪れる1日単位の作業を計画する場です。チームがスプリント期間内にスプリントゴールを達成するためにどのように仕事を進めるか。そのために何か障害となっているものはないか、などを議論します。

スプリントレビュー

　スプリントレビューでは、スプリント期間を通じて達成したスプリントの成果を主要なステークホルダーと検査します。そしてプロダクトに対するフィードバックを得て今後の適応を検討します。

　次のスプリント以降でどのようにプロダクトの価値を高めていくべきかのフィードバックをステークホルダーから得るのが重要です。単にできあがったものを見せて終わり、という形にならないように注意が必要です。スプリントレビューで得られたフィードバックは、プロダクトバックログに反映します。

　スプリントレビューは、ステークホルダーへのプレゼンテーションの場ではありません。スクラムガイドには「ワーキングセッション」であると書かれています。プロダクトゴールへ向けて、スプリントレビューの参加者は双方向に議論を深めます。

スプリントレトロスペクティブ

　スプリントの最後のイベントが、スプリントレトロスペクティブです。「ふりかえり」と呼ばれることもあります。

　スプリント中の活動をふりかえり、自分たちの活動を効果的に改善する

箇所を特定します。明らかになった改善箇所は、次のスプリントなどで、できるだけ速やかに適応していきます。

　スクラムの三本柱の中に「検査」と「適応」がありました。スプリントレビューやスプリントレトロスペクティブの場で自分たちの成果や仕事のやり方を検査し、それを具体的なアクションとして次のスプリントに適応します。これによって常に自分たちの仕事のプロセスが見直され、短いサイクルで高速な学習ループが回ります。そしてこの一連の改善のしくみこそが、スクラムの肝となるのです。

　スプリントレトロスペクティブが終わればスプリントは終了し、速やかに次のスプリントを開始します。

まとめ

　本章では、主に用語の解説を目的としてスクラムを一巡りしてきました。スクラムの具体的な運用などは日本語書籍も豊富にあるため、本書の参考文献一覧などを手がかりに学習してください。

　スクラムは透明性・検査・適応の三本柱が重要です。そして、5つの価値基準に基づいて実践していきます。

　スクラムでは、開発者・プロダクトオーナー・スクラムマスターの3つの責任が定められています。これらの責任を有する人たちが5つのイベントを繰り返して、3つの作成物を作ります。

　それでは、いよいよ次の章から本書の主題である Scrum@Scale を解説していきましょう。

第 3 章

とあるチームの
Scrum@Scaleでの1スプリント

　新しいフレームワークを学ぶのはなかなか骨が折れます。まず、聞き慣れない用語がたくさん登場します。そしてその用語を理解するために、詳細が1つずつ解説されます。学習者はその解説を読みながら用語の理解を深めますが、フレームワークの全体像がまだよくわからないうちに個別の用語の解説を学ぶのは難しいものです。

　本章では、Scrum@Scaleの構造や用語の詳細な解説はしません。まずは架空のチームに登場してもらい、このチームが1スプリントを過ごす様子を追体験します。当然途中で知らない用語や見慣れないチームの構造が登場しますが、気にせず先へ進んでください。ここではチームの仕事のしかたの全体を眺めるのが重要だからです。詳細な解説はこのあとの章で行います。後ろの解説を読んでから本章に戻ってくると、より全体の流れの中における個々の要素がわかりやすくなるでしょう。

　それでは、ここから架空のチームによる仕事の様子を見ていきましょう。

チームの紹介

　今回私たちにスプリントの様子を見せてくれるのは、Scrum@Scaleを採用しているモバイルゲームを開発するチームです。このチームでは、モバイル向けのRPGを開発しています。

　開発しているゲームの内容はよくあるベーシックなものです。基本はストーリーを進めながら、途中でほかのプレイヤーと協力しつつバトルパートで敵を倒して経験値やゲーム内のお金を貯めます。プレイヤーが操作するキャラクターやアイテムはストーリーを進めると手に入るほか、任意のタイミングでガチャを引いて手に入れることもできます。

　このゲームを開発しているのは、主要なコンテンツごとに分割された4つのチームです。**図3.1**のような構成になっています。チームの役割をそれぞれ紹介します。このゲームの目玉でもあるバトルパートを担当するバトルチーム。季節ごとなどに開催されるイベントを担当するイベントチーム。アイ

テムの管理やガチャなど、バトルやイベント以外の機能全般を担当するアウトゲームチーム。そして、ストーリーを担当する演出チームです。これらのチームが、スクラムオブスクラム(以下SoS)を形成しています。

図3.1　4つのチームとSoS

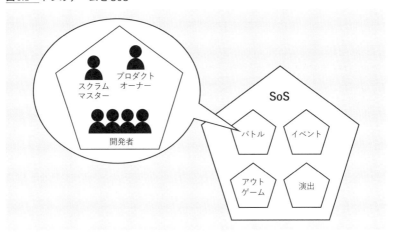

　詳しくは第4章で解説しますが、SoSは関心事の近いチームが集まる1つのスクラムチームです。このチームによる活動を通して、チーム間の連携を取ります。

　それぞれのチームには4〜6人の開発者と、スクラムマスター、プロダクトオーナーがいます。バトルチームのプロダクトオーナーは、このゲーム全体を統括するチーフプロダクトオーナーでもあります。演出チームは、ゲームの開発ではなくストーリーを担当しているためメンバー構成が少し異なります。シナリオライターと、そのシナリオをゲーム中で表現する専用のスクリプトを書くスクリプターが所属します。

　このチームが運用しているモバイルゲームはリリースしてしばらく時間が経っており、現在は新しいイベントに向けた開発が進んでいます。今回のイベントでは、イベント限定としてこれまでにない新しい武器を追加することになっています。それを受けてこのスプリントでは、その武器の実装をバトルチーム、イベントチーム、アウトゲームチームが進めます。演出チームはイベント用のストーリーやアニメーション演出などを作り込み

ます。

　スプリントプランニングはすでに終わっています。第2章で紹介した、普通のスクラムチームとしてのスプリントプランニングをチームごとに実施し、スプリントを開始して1日が経っている状況です。

　まずはデイリースクラムの様子から具体的に見てみましょう。

とあるチームのデイリースクラム

　ここではとある一つのチームのデイリースクラムに焦点を当てます。バトルチームです。

　バトルチームは、新しい武器に関する作業に取り組んでいます。このゲームではこれまでに剣、槍（やり）、ムチ、杖（つえ）といった武器を実装しています。今回新しく追加するのは、斧（おの）と大剣です。今回のイベントでは、通常よりもサイズの大きいボスキャラクターが登場します。そのボスに対抗する筋書きで、サイズの大きい敵キャラクターにダメージが入りやすくなる新武器を実装することになりました。プロダクトオーナーによると、今回のイベントで実装する武器の機能はイベントの目玉であると同時に、今後追加するアイテムにも引き続き実装するようです。そのため、今スプリントでは「斧と大剣を装備したときにキャラクターがそれにふさわしい動きをするようになる」というプロダクトバックログアイテムを選択しています。

　バトルチームはそれを受けて、ストーリーを記述するためのスクリプトに新しい武器演出コマンドを実装します。そしてまずは昨日のモブワーク（38ページのコラム「モブワーク／モブプログラミング」参照）で、コマンドの仕様策定を終えていました。今日のデイリースクラムでは、そのあとの仕事をどう進めるかを議論しています。

「スクリプトの仕様に関してはみんなの認識がそろったので、今日は実装を進めますか」

「そうですね。引き続きサーバエンジニアはモブでやりましょう」

「モバイル側はデザイナーと画面を作りますね」

「順調にいけば明日にはサーバとモバイルをつなげて動かせそうですね」

　このように良い調子で今日の作業の計画を相談しています。ころあいを見て、スクラムマスターがメンバーに声をかけました。

「このあとのSDSには誰が参加しますか？」

「私が行きます。新しい武器で加わる演出を表現するので、その仕様を演出チームと共有しないといけません」

「わかりました。ではお願いします。おっとそろそろ15分経ちますね。では今日も1日頑張りましょう！」

さまざまなデイリースクラム

　Scrum@Scaleはその名前が示すように、スクラムを拡張するフレームワークです。スケーリング特有の課題へ対処するために多少複雑なところはありますが、チームの日々の過ごし方は基本的に私たちが知っている従来のスクラムとほとんど変わりありません。

　第2章でも紹介したように、デイリースクラムはスプリントゴールの達成へ向けた進捗に焦点を当て、1日の作業計画を話し合う場です。今回見学したバトルチームは、仕事の多くをモブワークで行っています。そのためデイリースクラムでわざわざ前日の仕事の同期を取る必要はなく、その時間の多くを今日の計画のために使っていました。

　ここで少しだけ見慣れない言葉が登場します。スクラムマスターが「SDSには誰が参加しますか？」とチームに呼びかけていました。SDS(*Scaled Daily Scrum*：スケールドデイリースクラム)は、Scrum@Scale固有のイベントです。詳しい解説はこのあとの章で行います。まずはこのままSDSというイベントの様子を見学しましょう。

コラム

モブワーク／モブプログラミング

　バトルチームのデイリースクラムで、「モブワーク」や「モブ」という言葉が出てきました。

　みなさんはペアプログラミングに関してはご存じでしょうか。エクストリーム・プログラミング(XP)の有名なプラクティスの一つで、2人でペアになってプログラミングを行うことをそう呼びます。実際にコードを書く「ドライバー」ともう1人を「ナビゲーター」と呼び、一定時間ごとに役割を入れ替えながらコードを書きます。

　2人で課題に対して取り組むのでより良い設計が可能で、プログラムの正確性も向上し、品質の高い実装が可能となるプラクティスです。スクラムを学習しているみなさんは、スクラムチームがクロスファンクショナルなチームであるべきなのをご存じでしょう。クロスファンクショナルなチームでは、ソースコードが特定個人の持ち物になることを避けてメンバー全員がコードを理解する必要があります。ペアプログラミングは常に2人で仕事をするので、ソースコードを2人以上の人間で自然に共同所有する効果もあります。

　モブプログラミングは、これをさらに3人以上に拡張したものです。ドキュメントを書いたり障害対応のオペレーションをしたりするなど、プログラミング以外の作業の場合は「モビング」、あるいは単純に「モブ」と呼びます。

　モブプログラミングは2015年ごろに脚光を浴びました。Hunter Industriesという企業が、ソフトウェア開発の仕事の大半をモブプログラミングで行う実験をしたところたいへんうまくいき、その事例が世界中に拡がりました。

　アジャイル開発の現場では、ペアプログラミングはいまやごく当たり前のプラクティスとして扱われるようになりました。そしてそれをさらに拡張したモブプログラミングも、建設的相互作用を促進するすばらしい手法として注目を浴び、近年浸透しつつあります。

　詳しく学びたい方は、『モブプログラミング・ベストプラクティス』[注a]などを読むとよいでしょう。

注a　Mark Pearl著、長尾高弘訳、及部敬雄解説『モブプログラミング・ベストプラクティス──ソフトウェアの品質と生産性をチームで高める』日経BP、2019年

SDS

　この現場では、朝の始業のタイミングで4つのチームすべてで一斉にデイリースクラムを開催しています。15分のデイリースクラムが終わると、会議スペースに各チームからの代表者と、SoSを担当するスクラムマスター(スクラムオブスクラムマスター)[注1]が集まってきました。

　ファシリテーター役を務める、スクラムオブスクラムマスターがメンバーに声をかけます。
「それでは今日のSDSをはじめましょうか」

　さっそくバトルチームから参加している代表者が声をあげました。先ほど紹介したデイリースクラムを実施していたチームからの参加者です。
「昨日、バトルチームで新しい武器の追加演出を検討しました。ストーリーでその新しい演出を動かすために、スクリプトに新しいコマンドを追加します。ドキュメントに仕様を書いたので確認してもらえますか?」

　演出チームからも代表者が参加しており、その質問に回答します。
「わかりました。ドキュメントはいつもの場所ですか?」
「はい。スクリプト仕様のドキュメントのリポジトリに、イベント用のブランチを切ってpushしています」
「ではチームに持ち帰って確認して、すぐにフィードバックしますね」
「ありがとうございます」

　2人のやりとりを聞き終えると、スクラムオブスクラムマスターは再度メンバーに発言を促します。すると、アウトゲームチームからの参加者が発言しました。
「今回の新しい武器で、斧と大剣のガチャの演出を大型武器専用のものにしたいんです。実装自体は無事に終わる見込みなのですが……。実はちょっと懸念点があります」
「どんなことですか?」
「このイベントをリリースするころに、モバイル端末のOSが新しくなって

いるんです。新しいOSでも問題なく動くはずですが、念のために検証しないといけません。OSのプレビュー版はもう使えますし、検証自体はすぐにでも始められます」

「なるほど。ではどういったところが問題ですか？」

「ガチャの演出自体はもうある程度動くのですが、アウトゲームチームでは新しい武器のためのアイテム管理画面の変更作業も必要です。つまり武器追加に伴うトータルの作業量が多いんです。検証を同時にやれるほどの余力がチームにありません。使われている技術は別のゲームで使っているものと同じなので、今はそのゲームのチームはイベント期間も終わって落ち着いているみたいですし、検証のためにほかのゲームのチームに手伝ってもらえるよう調整できませんか？」

　SDSには、このように各チーム単独では解決できない課題が持ち込まれ、話し合われます。バトルチームから持ち込まれたスクリプトの新しい仕様に関しての確認事項は、演出チームにボールが渡されました。おそらく午前中には何らかの進展が見込まれるでしょう。

　一方で、アウトゲームチームが持ち込んだ問題はそれよりもさらに難しそうです。このチームは、自分たちのゲーム開発チーム以外からの支援を求めています。この件はSDSの現場だけで解決できそうにありません。スクラムオブスクラムマスターがこの相談に関して発言します。

「なるほど。ちょっとこの場では決められませんね。EATに持ち込みましょう。アウトゲームチームの人はこのままEATのデイリーに参加してもらえますか？」

「はい。もちろんです」

　どうやら課題はEATという別の会議体へ持ち込まれることになったようです。

EATのデイリースクラム

　各チームでの15分のデイリースクラムが終わると、それぞれの代表者が集まり、さらに15分間のSDSと呼ばれるイベントが開催されました。それが終わると、またSDSの参加者の何人かは別の会議スペースに移動します。

先ほどのSDSでスクラムマスターが言っていた、EATが始まるようです。

EATはExecutive Action Teamの略です。この会社では、先ほどまで私たちが見学していたチームが開発しているものと合わせて3つのゲームを運用していて、さらに2本のゲームが新規開発中です。

実は私たちが見ていたScrum@Scaleの組織は、1つのゲームを運用しているチームだけで形成したものではありませんでした。それよりももう少し範囲が広く、**図3.2**のように新規開発中のゲームを除いた3つのゲームを運用しているそれぞれのSoSの集合なのです。

図3.2　EATを含めた全体図

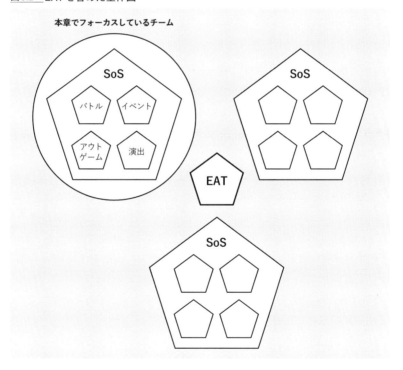

それぞれでSDSを終えた、SoSの代表者とプロダクトオーナー。それにCTO（*Chief Technology Officer*、最高技術責任者）と人事部門の責任者がこの場に集まっています。

EATのスクラムマスターが会の開始を宣言します。「それでは、EATの

デイリースクラムをはじめます。何か課題をお持ちのチームはありますか？」

　さっそく、先ほどのSDSで懸念を持っていた、アウトゲームチームの代表者が口火を切りました。新しいモバイルOSで次のイベントにおけるガチャの演出の検証をしておきたいが、自分たちには余力がないという相談です。それを受けてCTOが発言をします。

「対処できなければ検証は次のスプリントへ先延ばしになるんですか？」

「そうですね。今回のスプリントはガチャの演出の追加と、アイテム管理画面の仕様変更の対応で終わります。既存のOSで動くことは実証できているので、OSのバージョンアップさえなければほぼ予定どおりだったのですが」

「と、いうことは全体のリリースプランニングに影響が出そうですね」

「何か問題があれば、さらにその修正の作業が必要になるので、できれば検証は今のスプリントで終わらせておきたいです。そして検証のためにアイテム管理画面の修正を遅らせたくありません」

「リリースプランニングを変更して、少しリリースを後ろにずらしてはダメですか？」

　ほかのチームからの参加者が提案しました。

　問題を持ち込んだチームのプロダクトオーナーが少し渋い顔をしています。

「このイベントは次の大型連休をターゲットにしたものなので、イベント終了の期日は動かせないんですよ。リリース日がずれるとイベント開催期間が予定より短くなって、売上がその分減りますねぇ……」

「それはちょっと困ったな。ヘルプできそうなチームってあるかな？」

　CTOは参加者たちに呼びかけます。

　ほどなく、別のゲームを運用しているチームの人が手をあげました。「こちらはイベントの開発が終わって落ち着いていますし、どのみち私たちも同じ検証をする予定でしたから、うちで一緒に検証しましょうか。同じフレームワークを使っているゲームですから、それほど手間もないでしょう。EATが終わったらメンバーに説明して、このスプリントでやってしまいますね」

「ありがとうございます！ 助かります！」

どうやらアウトゲームチームにとっての懸念は無事に解消されたようです。

毎日45分で問題が解決する

この現場では、毎朝始業と同時にデイリースクラムを開始します。通常のスクラムで定められているように、15分間のイベントです。そのあと、各チームの代表者が集まり、さらにSDSを開催しました。これも通常のデイリースクラムと同様15分間のイベントです。ここまで始業から30分です。最後にEATという集まりによるデイリースクラムを実施しました。EATのデイリースクラムには15分の縛りはなく、もう少し長く行う場合もありますが、今日は15分で終わったようです。

このように、始業からわずか45分で、各チームの課題はCTOなどのエグゼクティブのところにまで届き、そしてその場で問題は解決されました。これを毎日開催しています。

EATのデイリースクラムを終えた人たちは、自分のチームのところへ戻っていき、通常の開発業務に従事します。そのあとの1日の様子は、我々がよく知っているスクラムと同じです。モブやペアなどのスタイルを取り入れながら、スプリントバックログの作業計画をこなします。その途中で何か問題が起きればその場で解決に取り組み、自分たちのチームだけで解決が難しそうであればまた翌日のSDSやEATに持ち込みます。

SDSやEATに参加していないメンバーたちは、各々のチームに残って仕事に取り組みます。もしかしたら、SDSなどの結果を待たなければチームに残った人たちの仕事が進められない、ということもあるでしょう。解決すべき課題がチーム全員にとって重要な問題である場合などです。その場合は、伝言ゲームなどを避けるためにチームメンバー全員でSDSへ参加してもよいでしょう。

プロダクトオーナーの活動

　ここまで、各チームの朝の様子を見てきました。ここからは少し視点を変えて、別の役割の人にスポットを当ててみましょう。Scrum@Scaleでは、プロダクトオーナーはどういう活動をしているでしょうか？

複数のプロダクトオーナーとその仕事

　これまでチームの朝の様子を見てきたように、Scrum@Scaleにおけるチームの活動は、私たちがよく知っている普通のスクラムと基本的に同じです。もちろん、複数のチームどうしで情報を共有するいくつかのイベントや集まりが増えている点は異なっています。しかし、チームの構造やそこに所属する人へ与えられる責任、人数はスクラムガイドで定義されているものとまったく同じです。これはプロダクトオーナーにおいても変わりはありません。

　プロダクトオーナーは各チームに1人ずついます。ほかのスケーリングスクラムでは、1人のプロダクトオーナーにより、1つのプロダクトバックログを複数のチームで消化していく形式が多く見られます。この点でScrum@Scaleは少し特徴的です。プロダクトオーナーは各チームに1人ずつ所属し、プロダクトバックログもチームごとに作ることができます。

　このゲーム開発チームは、前述したように4つのスクラムチームに分かれて活動しています。扱っているゲームは1つであるため、それを開発・運用するプロダクトバックログは共通のものが1つあれば十分と考えることもできます。しかし、ゲームでは各担当パートによって集中して扱うべき問題にはかなりの違いがあります。たとえばバトルチームでは、ユーザーが手に汗を握って熱中するために、難易度のパラメータ調整に多くの時間を使います。ストーリーチームは、ユーザーを飽きさせない続きが気になるストーリーはどういうものか、どのような演出をすればユーザーに感動を与えられるかなどに集中します。このようにそれぞれのチームで扱われるものには大きな違いがあります。

　こうしたことを踏まえてこのゲームの開発チームでは、スクラムチームごとに異なるプロダクトバックログを扱うほうが、それぞれの問題に集中しやすいという判断をしました。

　それぞれのスクラムチームのプロダクトオーナーは、自分が所属するチームの作成物を通じて価値を最大化することを目的とします。つまりバトルチームのプロダクトオーナーであれば、どのようなバトルを作れば、ユーザーが最大限楽しんでくれるかに集中して取り組んでいます。

チーフプロダクトオーナーの活動とメタスクラム

　プロダクトオーナーが複数いて、それぞれのチームで独自に活動をしていますが、それだけではゲーム全体を統括して見渡せる役割の人が存在しないことになってしまいます。それを補うのが、チーフプロダクトオーナーです。このゲームを開発している組織では、バトルチームのプロダクトオーナーがチーフプロダクトオーナーを兼任しています。

　チーフプロダクトオーナーを中心に、各チームのプロダクトオーナー、カスタマーサポートの責任者、データサイエンティストなどがチームとして集まります。そして、ゲーム全体の方向性や施策を検討します。これをメタスクラムと呼びます。Scrum@Scaleで扱われるメタスクラムは、メタスクラムパターン[注2]から派生した考え方です。

　ちょうど、チームがSDSでチーム間の連携を取っていたのと同様の構図です。それのプロダクトオーナー版をイメージするとよいでしょう。

　チームが最終的な意思決定のためにEATという集まりを持っているように、プロダクトオーナーの集まりにもExecutive MetaScrum（EMS）という集まりがあります。**図3.3**が全体のイメージです。

　EMSは各チームのメタスクラムの代表者で形成されており、最上位のチーフプロダクトオーナーが最終的に意思決定します。この会社ではCEO（*Chief Executive Officer*、最高経営責任者）がその役割を担っています。

　EMSはこのあとの第4章で詳しく説明します。

注2　https://scrumbook.org/product-organization-pattern-language/metascrum.html

図3.3　EMSの全体図

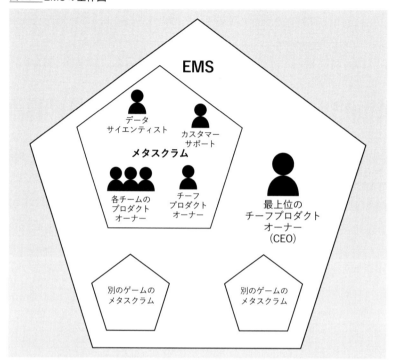

メタスクラムでの議論

　それでは、メタスクラムの議論を覗いてみましょう。

　チームは現在、このスプリントで新しいイベントの実装に取り組んでいます。実装中の新しいイベントに必要なプロダクトバックログアイテムはすべてそろっています。そのため、イベントのリリース後に必要となるプロダクトバックログを整えるのが、現在のプロダクトオーナーの主な活動です。このように、プロダクトオーナーは現在開発している機能よりも少し先の未来を考えていることが多くなります。

　今日のメタスクラムの会議では、イベントに関連する開発が終わったあと、どういう取り組みをしていくかを議論しています。各チームのプロダクトオーナーが管理しているチームごとのプロダクトバックログとは別に、

メタスクラムもプロダクトバックログを管理しています。ここではそのプロダクトバックログアイテムの順番や、アイテムの詳細の議論をします。

今回はカスタマーサポートの代表者が、新しい課題を持ち込みました。「先日発売された新しいモバイル端末があります。かなり人気のようで、機種変更に伴うデータ移行がわかりづらいという問い合わせが増えています。新しい機種へのデータ移行のやり方がわからず、そのままゲームの継続を諦めてしまう例もあるみたいです。もう少しデータ移行の説明への導線をわかりやすくしたいです」

「わかりました。ヘルプの導線を改善するアイテムをプロダクトバックログに追加しましょう」

「問い合わせ件数も増えてカスタマー業務を圧迫しているので、できれば最優先でやってほしいんですが」とカスタマーサポートの代表者がコメントを付け加えます。

「チュートリアルの離脱率がとても深刻な数字で、データを見ると機種変更を理由とした離脱よりも数が大きい状況です。まずはチュートリアルの改善に優先して取り組むことにしましょう」

チーフプロダクトオーナーは、カスタマーサポートの代表者から持ち込まれた課題の順番を少し後ろにする決断をしました。

このチームが運用しているゲームでは、ユーザーの行動を分析した結果、ある課題が明らかになっていました。この会社が運用しているほかのゲームと比べて、チュートリアルでの離脱率が有意に高いことがわかったのです。

チュートリアルとは、ゲームの冒頭などで展開される、ゲームの遊び方を説明するパートです。ユーザーに実際に遊んでもらいながら、少しずつゲームの機能を紹介します。それによってユーザーは、ゲームの世界観や遊び方の理解を深めます。

チュートリアルの離脱率が高いのは、チュートリアルの途中でこのゲームを遊ぶのをやめてしまうユーザーが多いことを意味します。そこでこのチームでは、ユーザーがチュートリアルを最後まで体験してもらうようにゲームの流れを改善することを次の開発テーマと考えていました。今日の会議で新しい課題が持ち込まれましたが、チュートリアルの改善に最優先で取り組むことは変わりませんでした。

　チーフプロダクトオーナーが全体に対して呼びかけます。
「それではチュートリアルの改善を掘り下げます。チュートリアルのどこに
問題があるのでしょう」
「内容がわかりづらくて、ゲームの遊び方が伝わっていないのかな？」
「リリース前の調整の段階で、一般ユーザーを呼んでのテストプレイの様子
を観察しましたが、そこでは特にチュートリアルで迷っている様子はなか
ったです」
「データ分析の結果はどうでした？」
「ほかのゲームと比べてみたのですが、離脱率が一番低いゲームと比べて、
ゲーム開始時の導入部分のストーリーがかなり長いですね。ユーザーの行動
ログを見ても、多くが最初のストーリーの途中で脱落しているみたいです」
「なるほど。行動ログを見るとバトルのチュートリアルまで進んだユーザー
は、ほとんど離脱せずにチュートリアルを終えている様子ですね」
「アンケートやSNS、レビューサイトなどを見てもバトルがかなり好評です
から、ユーザーはバトルを早く遊びたいと思ってゲームを開始したのに、
いつまでもそれが始まらないから諦めてしまうのかも」
「そうかぁ。ストーリーにかなり力を入れた自信作だったのになぁ……」
　演出チームのプロダクトオーナーは少し残念そうです。
「バトルを最初に遊んでもらって、ストーリーはそのあとにゆっくり楽しん
でもらうほうがよいのかな」
「次のリリースで思い切って順番を入れ替えてみましょう」
　どうやらおおよその方針が決まったようです。イベントのリリースが終
わりしだい、チュートリアルでのストーリーとバトルの順番を入れ替える
という改善に取り組むこととなりました。

スケールされたプロダクトバックログリファインメント

　メタスクラムで作られたプロダクトバックログアイテムは、各チームの
プロダクトオーナーが単一スクラムチームのプロダクトバックログアイテ
ムにブレークダウンします。
　今回の例で紹介したのは、「チュートリアルの離脱率を改善する」という

施策でした。これはメタスクラムのプロダクトバックログに入っているアイテムの一つです。メタスクラムはほかにもゲーム全体を改善する種となるアイデアや施策の一覧を、メタスクラムのプロダクトバックログとして管理しています。

メタスクラムが管理するこの一覧に対して、提供できる価値やそれを実現するためのコストを考慮し、着手する順番を整える活動がスケールされたプロダクトバックログリファインメントです。

プロダクトバックログリファインメントは、通常のスクラムチームで行われる活動の一つでもあります。作成したばかりの抽象度の高いプロダクトバックログアイテムを検討し、より詳細に仕様を決め、順番を並び替えます。このときに技術的な観点での支援が必要な場合は、開発者も議論へ参加します。

メタスクラムによって、次に取り組むプロダクトバックログアイテムが決まりました。このあと、各チームのプロダクトオーナーは、チーフプロダクトオーナーやほかのチームのプロダクトオーナーと調整をしながら、プロダクトバックログリファインメントで自分のチームのプロダクトバックログを整えます。

演出チームは、バトルからゲームが開始されるようにストーリーを調整します。どうやら冒頭部分のストーリーを少し短くするアイデアも検討するようです。

バトルチームは、ある程度ストーリーが進んだ前提でバトル中のキャラクターが会話をしているシーンがあるため、これを破綻のないように整える必要があります。

チュートリアルの順番が変わることにより、ガチャのチュートリアルの演出にも少し影響が出そうです。どの程度調整が必要なのかをアウトゲームチームのプロダクトオーナーがこれから検討します。イベントチームのプロダクトオーナーもミッションの見せ方に影響がないかといった調査が必要になりそうです。

このようにして、プロダクトオーナーたちはメタスクラムでのゲーム全体の方針決定を踏まえて、各チームのプロダクトバックログを整えます。

スケールされたスプリントレビュー

　スクラムチームが最終的に作成したソフトウェアは、スプリントレビューの場でステークホルダーからのフィードバックを受けます。今回紹介したチームでは、新しいイベントに関連するそれぞれ個別の作業をしています。たとえばバトルチームで開発している新しいバトルエフェクトの実装は、バトルチーム単体で成立する機能です。このような場合のスプリントレビューは通常のスクラムと同じように、バトルチーム単体のスプリントレビューで十分その役割を果たします。

　メタスクラムで近い将来の機能開発として議論していた「チュートリアルにおけるストーリーとバトルの順番を変更する」というプロダクトバックログアイテムはどうでしょう。少なくともこの機能の完成には、今の時点で演出チームとバトルチームの緊密な協調が必要そうに思えます。このような機能のレビューをこれまでのように単一のスクラムチームのレビューだけで確認するのは難しそうです。

　この場合はスプリントレビューを拡張し、このゲームを作るために組織しているSoSの単位でのスプリントレビューを実施します。つまり、複数チームをまたいで統合されたインクリメントに対するレビューをします。

まとめ

　本章では架空のチームを題材に、Scrum@Scaleでスケールされたチームの具体的な活動の様子を見てきました。

　一つ一つのチームは普通のスクラムチームとして活動しますが、複数のチームが連携するためのしくみがいくつかありました。また、プロダクトオーナーたちが集まって行っている活動がいくつかありました。

　ゲーム開発の現場では膨大なコンテンツを扱うため、現実は今回取り上げた例よりももっと複雑です。ですが本書はゲーム開発の現場を赤裸々に紹介するものではないので、Scrum@Scaleの構造をわかりやすく見せるためにかなりの部分を省略しました。

　Scrum@Scale独自の見慣れない用語などもいくつか登場しましたが、おおよその流れをつかめたのではないでしょうか。

　それでは次の章からは、用語やしくみなどの具体的な解説に入ります。

第4章

スクラムマスターサイクルと
プロダクトオーナーサイクル

　前の章でScrum@Scaleを用いたチームのおおよその活動の様子を見て
いきました。スクラムの学習経験がある方は、Scrum@Scaleでの活動は
意外とシンプルで、普段のスクラムとさほど違いはなさそうだ、と感じら
れたのではないでしょうか。

　ここから、いよいよScrum@Scaleそのものの具体的な解説に入ります。

Scrum@Scaleの特徴

　Scrum@Scaleの主な特徴は、普通のスクラムを「拡張」している点にあり
ます。ただし、拡張することによって複数のチームによる相互のコミュニ
ケーションが必要になるため、チーム間のコミュニケーションに関するル
ールを設けています。なぜなら、チーム数や関わる人数が増えて規模が大
きくなるほどコミュニケーションの複雑さは増し、やがてそれは手に負え
なくなってしまうからです。

　前の章で登場したScrum@Scaleとしての独自の用語は、複数チームの連
携に関わる活動の場面で多く見られていました。ここからもわかるように、
Scrum@Scaleとは、通常の単一スクラムチームの活動にチーム間連携のし
くみを追加したもの、と言い換えることができます。そのため、単一スク
ラムチームとしての活動はほとんどそのままのスクラムと同じです。我々
のよく知るスクラムを実践しているチームがそのプロセスを保ったまま、
複数ある状態へと拡張できるようにしたものが、Scrum@Scaleが扱う全体
像です。

　拡張した組織でチーム間をどのように連携するのかというところが、
Scrum@Scaleを学ぶときのポイントとなります。ここに焦点を絞って考え
ると理解しやすくなります。

　Scrum@Scaleでは、複数のチーム間の連携を2つの軸に分けて定義して
います。

　1つ目の軸は、開発者たちの活動です。デイリースクラムを拡張するSDS

や、EAT といった場です。これらを通して、チームをまたいで開発者どうしがコミュニケーションをとっていました。

もう1つの軸は、そのチームが今後どういうアウトカムを作っていくのかを考える、プロダクトオーナーの活動です。メタスクラムといった複数のプロダクトオーナーの集まりが登場しました。

このように、Scrum@Scale には開発者たちの活動と、プロダクトオーナーによる活動の2つの軸があります。これらは、チームが拡張されたあとのチーム間のコミュニケーションを中心とした活動を定義しているものです。これをそれぞれ「スクラムマスターサイクル」と「プロダクトオーナーサイクル」と呼びます。「スクラムマスターサイクル」がHowを調整し、「プロダクトオーナーサイクル」がWhatを調整します。

「スクラムマスターサイクル」という名前が付けられているので、これらはスクラムマスターの活動を定義しているように感じますがそうではありません。「スクラムマスターサイクル」は、開発者による活動全般を表しています。

Scrum@Scale の全体像を図で表すと、**図4.1**のように2つの輪が真ん中で交差しているような形になります。図の左側が「スクラムマスターサイクル」を示し、右側が「プロダクトオーナーサイクル」を示しています。

それぞれのサイクルでの活動や両者共通の活動など合わせて、12のコンポーネントが定義されています。これらの活動を繰り返しながら、最終的なプロダクトインクリメントができあがっていきます。

本章ではまずはこの図4.1の、スクラムマスターサイクルとプロダクトオーナーサイクルそれぞれの組織の構造を解説し、仕事の流れを見ていきます。

図の残りのコンポーネントは、本章の解説によって示された構造を持つ組織が、どのような活動をしていくことになるのかを表したものです。このあとの第5章で詳しく解説します。

図4.1 Scrum@Scaleの概念図

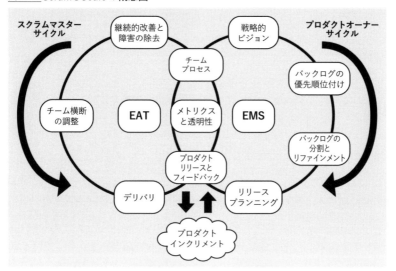

スクラムマスターサイクル

まずは図4.1の左側に描かれている、スクラムマスターサイクルを説明します。

スクラムチームとSoS

最初に登場するのは、**図4.2**のような単一のスクラムチームです。

第2章で説明したとおり、このチームにはスクラムマスターとプロダクトオーナーがいます。そして、小回りがきく程度に小さく、スプリントゴールを達成するために必要な人数の開発者たちがいます。多くのチームではそのサイズは6〜7名程度になります。開発者は、最終的な成果を出すために必要なすべての能力を兼ね備えた、職能横断型のチームを形成しています。

図4.2　単一のスクラムチーム

　通常のスクラムであればこれがすべてです。この単一のチームが、5つのイベントをこなしつつ開発作業を行います。すなわち、スプリント、スプリントプランニング、デイリースクラム、スプリントレビュー、スプリントレトロスペクティブです。そしてこれらのイベントを繰り返しながら、プロダクトバックログ、スプリントバックログ、インクリメントを作成物として生み出します。

　本書のテーマはスクラムのスケーリングです。したがってここにチームをもう1つ増やしましょう。**図4.3**の形です。まったく同じ形のチームが2つになります。

図4.3　2つのスクラムチーム

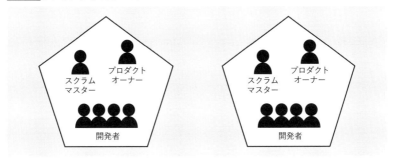

　2つ目のチームも、我々がよく知っているスクラムチームです。スクラムマスター、プロダクトオーナー、開発者という3つの責任が定義されて

いて、先ほどのチームと同じ活動をしています。

　しかし、このままでは2つのチームがバラバラに活動しているにすぎません。この2つのチームが同じ目標に向かって活動するためには、何らかの形でチームを同期させる必要があります。そこで登場するのが、SoSです。図4.4のようなイメージになります。このあとで詳しく説明しますが、スクラムオブスクラムは、拡張していくごとにスクラムオブスクラムオブスクラムのように名称が冗長になります。そのため、公式ガイドではスクラムオブスクラムをSoS、スクラムオブスクラムオブスクラムをSoSoSと省略しています。本書でもそれに従い、スクラムオブスクラムを以降はSoSと書きます。

図4.4　2つのチームがSoSを形成している

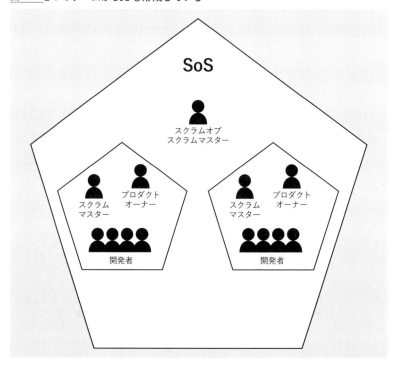

　SoSは、1つのスクラムチームとして機能します。SoSとしてのゴールを持ち、通常のスクラムチームと同じようなイベントをこなしながらチーム

が連携して、統合されたデリバリ可能なインクリメントを完成させます。

　SoSはそれ自体を1つのスクラムチームとみなすので、スクラムに由来するいくつかのイベントを行います。それらのイベントに参加するメンバーは固定しません。扱う話題の性質によって、イベントには各チームから毎回異なる人が代表者として参加します。チームからの代表者は必ずしも1人である必要もなく、複数の人が代表者となることもあります。

●──── スクラムオブスクラムマスター

　SoSにもスクラムマスターがいます。これをスクラムオブスクラムマスターと呼びます。SoSを形成しているいずれかのチームのスクラムマスターが兼任してもかまいません。アジャイルコーチとしてScrum@Scale全体を支援するような立場の人がいる場合、その人がこの役割に就くこともあります。スクラムオブスクラムマスターは固定の人が務めます。

　スクラムオブスクラムマスターの役割は主に次のようなものです。

- **SoSとして開催するイベント全般の開催支援・ファシリテート**
- **SoSとして以下に関する話し合いが確実に行われるようにする**
  - SoS全体として仕事の妨害になるもの(障害物)の共有や除去
  - SoS全体としてのプロセスの改善
  - チーム横断的な依存関係の調整
- **チーフプロダクトオーナーと緊密に連携し、SoSとして統合されたインクリメントを届けることに責任を持つ**
- **SoSそのものの継続的な改善に責任を持つ**

　したがってスクラムオブスクラムマスターは、障害物の除去を支援するために必要な知識を持つ人でなければなりません。たとえば、社内の政治的な構造を理解していたり、課題解決に必要な社内の権限を持つ人を知っていたりする必要があります。

●──── SoSのサイズとスケール

　第2章で、スクラムガイドの変遷を引用しながらスクラムチームの最適な人数に関して説明しました。Scrum@Scaleの公式ガイドでは、SoSを構成する最適なチーム数は4または5チームと定義しています。これは、

『Leading Teams: Setting the Stage for Great Performances』[注1] という書籍にある、チームの最適な人数は平均で4.6人である、とする研究結果が根拠になっています。SoSの最大構成を図にすると、**図4.5**のような形になります。仮に各チームから代表者が1名ずつSoSのイベントへ参加すると[注2]、SoSの構成人数が5名になるので、スクラムチームとしてちょうど良いサイズです。

図4.5　5チームで形成されたSoS

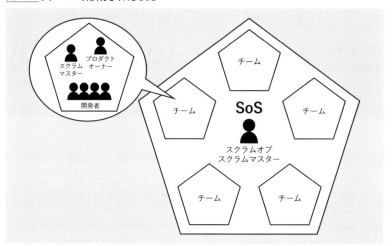

　SoSそのものも同じようにスケールします。SoSがスケールする場合は、SoSどうしを同期するためにSoSoSというスクラムチームが作られます。このように、SoSは全体と部分が相似形をなす階層構造（フラクタル構造）になります。SoSがスケールした場合は**図4.6**の形になります。1つのSoSを構成する最大のチーム数は前述のとおり5チームとされています。その数を大きく超えるようなチーム数で全体を整える場合はこのような階層構造を検討します。

注1　J. Richard Hackman, *Leading Teams: Setting the Stage for Great Performances*, Harvard Business Review Press, 2002.

注2　AのチームからはA名、Bのチームからは2名というような参加のしかたをする場合もあります。

図4.6 3つのSoSがSoSoSを作っている

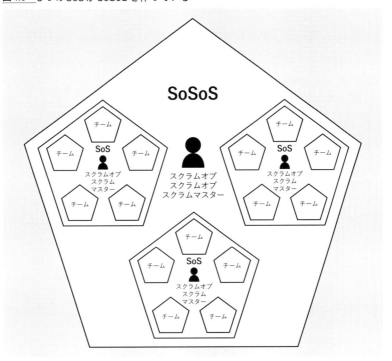

SoSoSにも、SoS同様にそれを担当するスクラムマスターがいます。ス
クラムオブスクラムオブスクラムマスターというのはさすがに呼びづらい
ので、もし必要となった場合はもう少し短い名前で呼ぶことを検討しても
よいです[注3]。

●──SoSは共通の関心事どうしで作る

SoSは、必ずしも5チームの上限を超えた場合にSoSoSとしてスケール
するとは限りません。組織のコミュニケーション経路を少なく保ち、コミ
ュニケーションパスの増大によるオーバーヘッドを軽減させるのがSoSの

注3　SoSoSMと省略する、SoSoSに具体的なチーム名を付けて［チーム名］スクラムマスターと呼ぶ、
　　　などが考えられます。

目的です。

　チームどうしのコミュニケーションが必要なのは、同じ関心事を扱っている場合です。つまり、チームが複数あったとしても、それぞれのチームが扱っている関心事が異なるのであれば、それほど強い情報の同期は必要ありません。仮に5つのスクラムチームがあるとして、この5チームが常に同期を取り続ける必要があるのか——そのような観点でSoSを構成します。

　5つのチームのうち、それぞれ3つのチームと2つのチームが同じ関心事を扱っているのであれば、**図4.7**のように、3チームのSoSと2チームのSoSとして扱えます。このほうが5つのチームをまとめて扱うよりも、少ないコミュニケーションパスで仕事を進められます。

図4.7　3チームのSoSと2チームのSoS

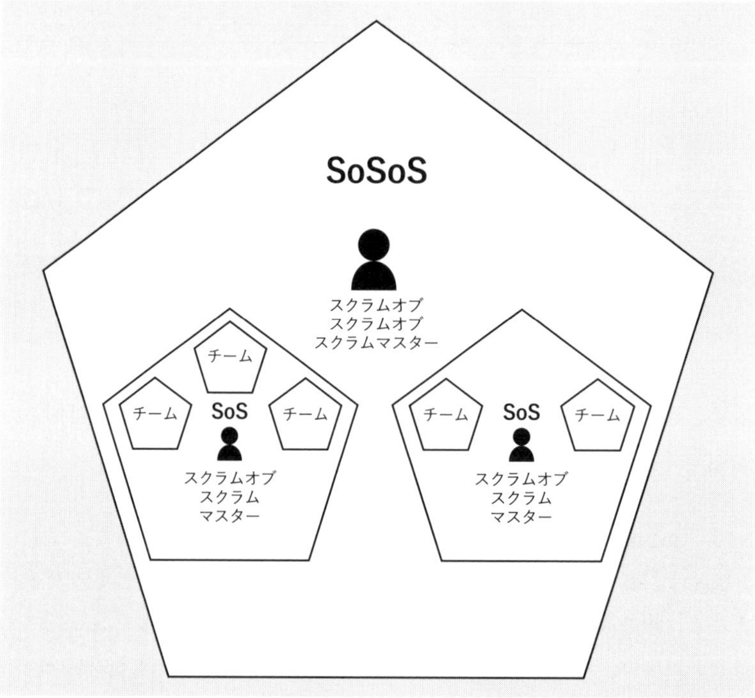

　5チームが常に同期を取る場合と、3チームが常に同期を取る場合のコミュニケーション経路を表すと、**図4.8**のようになります。

図4.8　5チームより3チームのほうがコミュニケーションパスは少ない

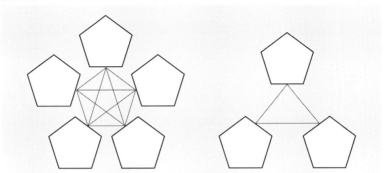

このように、チーム数によるコミュニケーション経路の数はチーム数が増えるごとに増大します。チームの数をnとすると、チーム数によるコミュニケーション経路の数は次の式で算出できます。

n(n-1)/2

この式で算出されるコミュニケーション経路の数を**図4.9**でグラフにしてみます。

このように、チーム数の増加に伴い経路の数は指数関数的に増加していきます。そのため、数が少ないうちは問題にはなりづらいですが、増えるにつれて手に負えなくなります。

一度に同期を取るチームの数をいかに小さく保つかが、スケールした組織をうまくコントロールするポイントです。このような観点でSoSやSoSoSといったしくみを上手に使って、組織構造を考えていきます。

●──関心事をどのように分離するか

チームの関心事をどのようにうまく分離していくかは、重要であり難しいポイントです。それは、扱っているプロダクトや課題によって大きく異なるからです。

手がかりはいくつかあります。

「システム（広義に定義）を設計するあらゆる組織は、組織のコミュニケー

図4.9　チーム数と経路数のグラフ

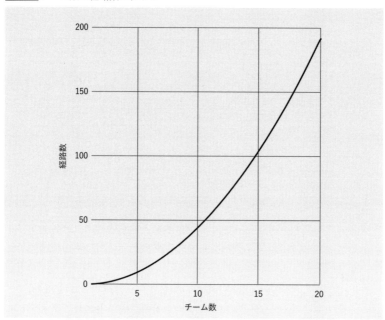

ション構造をコピーした構造を持つ設計を生み出す」[注4]というフレーズで有名な、コンウェイの法則というものがあります。この法則は、システムのアーキテクチャと組織構造を検討する際の原則として広く用いられます。

●──コンウェイの法則と逆コンウェイ作戦

チームをまたいだコミュニケーションには大きな負荷がかかります。お互いにさまざまな利害関係の調整が必要ですし、相手のチームの仕事が終わるのを待たなければ自分たちの仕事が始められない、といった問題もたびたび生じます。そうすると、自分たちの仕事をスムーズに早く終わらせるために、仕事はなるべく自分たちのチームの中だけで完結しようとする力学が働きます。こうして、システムのアーキテクチャは組織構造を反映した形になって

注4　http://www.melconway.com/Home/Committees_Paper.html（日本語訳は https://bliki-ja. github.io/ConwaysLaw/ から引用）

いきます。これが、コンウェイの法則が生じてしまう背景です。

この法則を逆手に取るのが、「逆コンウェイ作戦」です。組織構造がアーキテクチャに影響を及ぼすのであれば、自分たちが設計した適切なアーキテクチャに沿って最初から組織を編成すればよいという戦略です。

SoSの組み合わせを考えるときには、このようなアーキテクチャと組織構造の関連を念頭に置いて考えるのがよいでしょう。

1つのSoSは、チームどうしで共通の関心事を扱います。SoSは先にも述べたように、それ自体が1つのスクラムチームとして活動し、統合されたインクリメントを届けることに責任を持ちます。そこから考えると、SoSの1つに対してアーキテクチャを構成する1つのモジュール、という関係性として扱うことができます。SoSを構成する各チームの役割分担も、同様にコンウェイの法則を意識するとよいでしょう。

また、すべてのチームが必ずしも何かしらのSoSに属さなければならないことはありません。たとえば、それぞれの開発チームに対してプラットフォームを提供するようなチームであれば、その1つのチームが複数のSoSと関わりながら単独で動く体制になることがあります。

Scrum@Scaleと『チームトポロジー』

Scrum@Scaleでの組織編成を検討する際の手がかりとして、『チームトポロジー』[注5]という書籍が良い手がかりになります。この本で紹介されているチーム編成のトポロジーは、Scrum@Scaleとたいへん相性の良い考え方です。

Scrum@Scaleに限らずチームをスケーリングする際に最も難しいのは、チームをどのように分割するかです。ソフトウェアを開発・運用していくためには、実に多くのことを考えなければなりません。

自分たちが扱う業務知識を1つとっても、複数のドメインに分割できます。たとえば、第3章で登場した架空のチームは、ゲームを作るためにバトル・イベント・アウトゲーム・演出という4つのドメインで分割していました。

技術的な要素で分割する場合もあります。運用に必要なプラットフォー

注5　Matthew Skelton／Manuel Pais 著、原田騎郎／永瀬美穂／吉羽龍太郎訳『チームトポロジー――価値あるソフトウェアをすばやく届ける適応型組織設計』日本能率協会マネジメントセンター、2021年

ムを提供するチームと、そのプラットフォーム上にアプリケーションを構築していくチームなどです。また、機械学習のような技術的な専門性の高い領域を扱うのであれば、機械学習エンジンを扱う専門部隊を作る場合もあります。

　そのほかにも、ユーザーのペルソナごとにフィーチャーを分割する、規制が伴う業界で使われるシステムであれば規制に影響するドメインを分割するなどもあります。このようにシステムによってどのような単位でチームを分割するかは多種多様です。

　書籍『チームトポロジー』では、4つのチームタイプと、それらを結合する3つのインタラクションモードが紹介されています。

　同書のテーマであるチームトポロジーとは、

ビジネスの速度と安定性を実現する技術組織の適応型設計モデルの1つ

——『チームトポロジー——価値あるソフトウェアをすばやく届ける
適応型組織設計』、p.4

という考え方です。

●——チームタイプ

　チームは、組成する目的に応じてさまざまな役割を持ちます。1つのチームが複数の役割を持つこともあれば、特定の事柄への対処に特化するようなこともあります。チームトポロジーでは、そのようなチームの役割ごとにチームタイプを定義し、ソフトウェアの開発と運用に必要なタイプ分けは4種類で十分であると説明しています。

　また、

効果的なソフトウェア境界とチームインタラクションがあれば、これら4つのチームタイプに制限することで、効果的な組織設計をする上での強力なテンプレートになる。

——『チームトポロジー——価値あるソフトウェアをすばやく届ける
適応型組織設計』、p.96

とも説明しています。

チームトポロジーにおける4つのチームタイプは以下です。

- **ストリームアラインドチーム**
  主流なビジネス価値に関するインクリメントを作る
- **プラットフォームチーム**
  ストリームアラインドチームのデリバリに必要な基盤を提供する
- **イネイブリングチーム**
  チームに必要な知識の学習を支援する
- **コンプリケイテッド・サブシステムチーム**
  専門的で複雑な領域を特化して扱う

これらのチームタイプの考え方は、Scrum@Scaleの各チームをどのように分割するかの参考になります。

- **————インタラクションモード**

前述の4つのチームタイプを、それぞれどのように結合していくのかを説明するのが、インタラクションモードです。

- **コラボレーション**
  ほかのチームと密接に共同作業する
- **X-as-a-Service**
  ほかのチームとの接点をAPIやサービスとして提供する
- **ファシリテーション**
  熟達したチームが、ほかのチームを支援する

これらの3つインタラクションモードを用いてチームがつながります。

この考え方をScrum@Scaleに取り入れると、たとえば次のような形になります。

- **ストリームアラインドチームとコンプリケイテッド・サブシステムチームは、同じSoSに属してコラボレーションモードで協調する**
- **ストリームアラインドチームとプラットフォームチームは、APIを介してX-as-a-Serviceモードでつながっていて、異なるSoSに属して活動する**
- **イネイブリングチームはどこのSoSにも属さず、複数のSoSから依頼を受けて活動する**

上記の組織構成を図にすると、**図4.10**のようになります。

図4.10　Scrum@Scaleとチームトポロジー

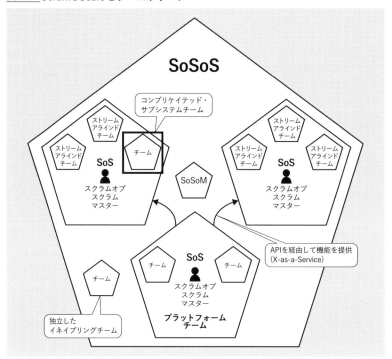

また、同書のChapter6では、ドメイン駆動設計などを参考に「節理面」という考え方といくつかのパターンを紹介しつつ、モノリスを分割する手引きが書かれています。

本書で解説しているSoSは、チームどうしの関係性を設計する際に力を発揮します。これとチームトポロジーを組み合わせることで、より具体的な組織のデザインをイメージしやすくなります。

詳細な中身はぜひ同本を手にとって、実際のチームにScrum@Scaleを適用していく手がかりの一つとして参考にしてみてください。

SoSのイベント

　SoSは、1つの具体的なスクラムチームとして活動します。そのため、通常のスクラムチームとよく似たイベントが定義されています。ここからは、それらを見ていきましょう。

•───SDS

　最初に紹介するのはSDS（スケールドデイリースクラム）です。第3章では、チームのデイリースクラムの直後に開催していました。

　これは、通常の単一スクラムチームによる活動の中に登場するデイリースクラムとよく似ています。SoSとして開催するデイリースクラムです。タイムボックスも単一チームのデイリースクラムと同じ15分です。

　参加者は、各チームからの代表者とスクラムオブスクラムマスターです。チームの代表者は、少なくともチームごとに1人ずつ集まります。必要に応じてそれぞれのチームの誰でも、何人でも参加できます。

　参加チームどうしの統合されたインクリメントを作り、スプリントゴールを達成するための障害を取り除くことがここでの目的です。第3章での様子でも示されていたように、単一チームでは解決できない問題をここで話し合います。参加者は各チームから誰でも参加可能であると書きましたが、実際には解決すべき問題の当事者がこの場に参加します。チームがSoSで解決すべき課題を持っていないときでも、最低1人はチームから代表者を選びます。

　毎日開催していると、参加するメンバーが固定化してしまうことがよくあります。なるべく多様な人が集まることで、議論の場にさまざまな視点がもたらされます。そのため各チームのスクラムマスターは、チームのデイリースクラムなどでいつもと違う人がSDSへ参加するように呼びかけるとよいでしょう。

　SoSを構成するチームは最大で5チーム程度なので、各チームから代表者が集まるSoSの参加メンバーも5名程度です。これにSoSのスクラムマスターを加えて6名です。通常の単一スクラムチームと同じくらいのサイズです。SoSを構成するチーム数がなぜ5チーム程度とされるのかが、こ

れでよくわかります。これ以上のサイズでSoSを構成すると、SDSを15分で終えるのは難しくなります。

　単一チームでは解決できない問題をすばやく扱う必要があるため、このイベントは各チームのデイリースクラムの直後に行います。まず単一チームのデイリースクラムで課題や障害物を議論し、そこから必要に応じてすぐにSDSにエスカレーションするのが効果的です。課題解決までに時間が空いてしまえば、それだけSoSが全体のボトルネックになってしまいます。

　SDSでやりとりする質問の例を公式ガイドから引用します。

- チームのスプリントゴールの達成を妨げる、あるいはデリバリー計画に影響を与える障害物は何か？
- チームは、他のチームのスプリントゴールの達成を妨げる、あるいはデリバリー計画に影響を与えることをしているか？
- チーム間の新たな依存関係を発見したか、または既存の依存関係を解決する方法を発見したか？

——Scrum@Scale 公式ガイド：https://scruminc.jp/scrum-at-scale/guide/

● ——スケールレトロスペクティブ

　通常のスクラムチームは、スプリントの最後に「スプリントレトロスペクティブ」を開催します。SoSでも同じで、それが「スケールレトロスペクティブ」です。

　このイベントの目的は、通常のスクラムチームで行われるスプリントレトロスペクティブとまったく同じです。継続的なプロセスの改善を議論し、これまでのスプリントでの取り組みをふりかえり、次のスプリントでのさらなる改善のための具体的なアクションを検討します。

　タイムボックスは通常の単一スクラムと同様、スプリント期間を十分にふりかえることができる時間を取ります。

　SDSの場合は、日々の仕事における具体的な課題を話し合うことが多いため、その課題の当事者である開発者が参加していました。一方スケールドレトロスペクティブでは、SoSの活動全体に焦点が当たるため、参加者が異なります。スケールドレトロスペクティブの参加者は、主に各チーム

のスクラムマスターです。改善活動に興味を持つ開発者が参加してもかまいません。

スクラムマスターサイクルにおけるスケールされた2つのイベントを簡単に**表4.1**にまとめます。

表4.1 SoS の代表的な2つのイベント

イベント	参加者	時間	扱う障害の種類
SDS	主に開発者	15分	仕事を終わらせるうえでの障害は何か？
スケールドレトロスペクティブ	主にスクラムマスター	スプリント期間に応じて	チームプロセスの障害は何か？

●──SoSのスプリント

スプリントの長さは本来、スクラムチームごとに決定の裁量があるべきです。しかしScrum@Scaleでは、少なくともSoSの単位ではすべてのチームのスプリント期間は統一するほうが望ましいです。

たとえば、SoSを構成する複数のチームで1週間スプリントと2週間スプリントが混在しているとします。その状態で、1週間スプリントのチームが、スプリントのレビューの結果から次のスプリントでほかのチームとの協調が必要になりました。このとき、2週間スプリントのチームはまだスプリントの真っ最中です。1週間スプリントのチームの事情を取り込もうにも、この2週間スプリントのチームのスプリントプランニングが始まるまでには、あと1週間待たなければなりません。

このように、SoSの内部でチームごとにスプリントの長さが異なっていると、チーム間の同期を取るのがかなり難しくなってしまいます。SoSを構成するすべてのスクラムチーム間では、イベント周期は同じようにそろっているべきです。

SoS全体としてのスプリントの期間は、通常の単一スクラム同様、1週間から1ヵ月の範囲で固定するのがよいでしょう。どのくらいの期間が適切なのかは、扱うプロダクトやチームのサイズによります。一般的に、扱われるプロダクトバックログアイテムの粒度が大きかったり、チームサイズが大きかったりする場合スプリント期間は長くなることが多いです。反対にプロダクトバックログアイテムの粒度が小さく、チームサイズがコンパクトな場合

は、スプリント期間も短くできます。また、周辺環境の変化の度合いも影響します。変化が激しくこまめなフィードバックが必要なプロダクトにとって、1ヵ月のスプリント期間は長すぎます。これではまたたく間にプロダクトが硬直化して変化から取り残されてしまいます。このあたりの考え方は、通常の単一スクラムとまったく同じです。SoSとして統合されるインクリメントの性質や、プロダクトバックログアイテムの粒度、各チームのサイズなどを総合的に考慮しながら適切な期間を定めてください。

　図4.11に、SoSとしてスプリント期間の同期が取れている場合のカレンダーの一例を示します。

　このように、全体でSoSのイベントの同期が取れていると、チームどうしの情報の流れがスムーズになりSoSが最も効果的に作用します。このイベント間の同期がずれてしまうと、それが情報の流れにとってのボトルネックになってしまいます。スプリント期間を統一し、それぞれのスクラムチームのイベントをいつどのように配置するかは、スケールドレトロスペクティブなどで調整していくとよいでしょう。情報の流れが最もスムーズになる組み合わせを目指すのがポイントです。

Executive Action Team（EAT）

　Scrum@Scaleにおけるスクラムチームは、Scrum of Scrums（SoS）やScrum of Scrum of Scrums（SoSoS）のような階層構造を作りながら拡大します。さらに巨大な組織であれば、Scrum of Scrum of Scrum of Scrums（SoSoSoS）のようにさらに階層が深くなることもあり得ます。これは、頻繁なコミュニケーションや調整が必要なグループを1つの単位として扱うことで、不必要なコミュニケーションを抑えるための構造です。

　一般的にこのような階層化された官僚的な構造は、大きくなった組織が効率的にコミュニケーションするためによく見られます。Scrum@Scaleでは、こうした官僚機構をなるべく小さく保つように工夫されています。これを「実用最小限の官僚機構」と呼びます。

　Scrum@Scaleでは、この「実用最小限の官僚機構」の中核として2つのリーダーシップグループを定義しています。1つはスケールされたスクラム

図4.11 1週間スプリントにおける同期の取れたイベントカレンダーの例

	月	火	水	木	金
9時					
10時	各チーム デイリースクラム スケールド デイリースクラム	各チーム デイリースクラム スケールド デイリースクラム	各チーム スプリント レビュー	各チーム デイリースクラム スケールド デイリースクラム	各チーム デイリースクラム スケールド デイリースクラム
11時			各チーム レトロ スペクティブ		
12時	昼休み	昼休み	昼休み	昼休み	昼休み
13時			スケールされた スプリント レビュー		
14時			スケールド レトロ スペクティブ		
15時			スケールされた スプリント プランニング		
16時			各チーム スプリント プランニング		

によって何を生み出すべきかに焦点を当てる「Executive MetaScrum」（EMS）。もう1つはスケールされたスクラムをどのように運用するかに焦点を当てる「Executive Action Team」（EAT）です。EMSはプロダクトオーナーサイクルの中心を担い、EATはスクラムマスターサイクルの中心を担います。EMSはこのあとのプロダクトオーナーサイクルの項で詳しく説明しますので、ここではEATを紹介します。EATとEMSはそれぞれ、図4.1で示したScrum@Scaleを定義する12のコンポーネントでもあります。複数のSoSとEATの関係性をイメージすると、**図4.12**のようになります。

図4.12 EATを中心に置いたスケールされたスクラムチーム

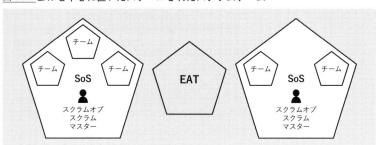

●──── EATの役割

　EATは、スクラムマスターサイクルを構成する階層構造の最上位に位置する機関です。第3章で見たチーム活動でも、SoSでは解決できない障害物が最終的にここに持ち込まれていました。Executive Action Teamの略称である「EAT」は障害物を最後に食べてしまう（eat）という意味を込めて「イー・エー・ティー」ではなく「イート」と発音します。

　EATは、Scrum@Scaleの内側で生じる課題のすべてを解決できる機関でなくてはなりません。そのため、問題を解決するために必要なすべての権限を持ち、組織内の非アジャイルな部分とのインタフェースとしての機能も持ちます。

　第3章では、チームで解決できない仕事をほかのチームにお願いできないかという調整がここで行われていました。それ以外にも、たとえば新しい機能を実装するためにインフラ費用が増えるので予算を調整するといったような内容などを扱います。予算を調整するために財務部門とのやりとりが必要であれば、EATがほかの部門との接点となります。

　また、EATは組織全体のプロセス改善に責任を持ち、改善の継続的な取り組みをEAT自身が扱うべきバックログとして管理します。これを変革バックログと呼びます。変革バックログでは組織やプロセスの改善、チーム全体に対する標準の作成といったものが扱われます。EATは、変革バックログを実行していることを確認する役割を持ちます。変革バックログを実行するのは、EAT自身でも、EATからその役割を委譲されたチームやメンバーでもかまいません。

●────**EATに誰が参加するか**

　スクラムチームが最も高いフロー効率を発揮するためには、すべての仕事に対してチーム自らが決定権を持つ必要があります。そしてそのうえで、チームが自律的に動けるよう自己管理されていなければなりません。仕事を終わらせるためにほかのチームとの依存があると、その依存したほかの

コラム

アジャイルプラクティス

　Scrum@Scaleガイドには、「EATは組織内のスクラムの品質に責任を負うため、スクラムマスター組織全体がEATに報告する」とあります。つまり、EATはそれぞれの単一のスクラムチームや、SoSなどで活動するスクラムマスターたちの報告先でもあります。

　Scrum@Scaleのトレーナーである Gereon Hermkes と Luiz Quintela は、著書『Scaling Done Right』[注a]の中で、組織を変革するビジョンの実施や組織内におけるスクラムの品質を維持するため、「アジャイルプラクティス」という機関を設けてそこへEATから権限を委譲するアイデアを提唱しています。

　アジャイルプラクティスは、EATや組織全体に対するスクラムマスターとしての役割を担います。スクラムマスターたちの報告先として、スクラムマスターの評価者である上司から独立した立場でスクラムマスターたちのマネジメントを担います。

　一般的に、スクラムマスターの上司であるマネージャーは、必ずしもスクラム実践者として熟達しているわけではありません。このようなマネージャーがスクラムマスターの報告先になると、それによって組織のスクラムが破壊されてしまう恐れがあります。それを防ぐには、経験豊富なスクラムの実践者による独立したレポートラインが必要なのです。

　アジャイルプラクティスは、チームコーチやアジャイルコーチ、技術プラクティスコーチなどで構成されます。チームメンバー向けのコーチングや、経営者向けのコーチングの両面で組織に向けてこの人たちが働きかけ、アジャイル型の組織変革の原動力となります。

注a　Gereon Hermkes, Luiz Quintela, *Scaling Done Right: How to Achieve Business Agility with Scrum@Scale and Make the Competition Irrelevant,* Behendigkeit Publishing, 2020.

チームとの情報や仕事の受け渡しがボトルネックになってしまいます。

　Scrum@Scaleはこの情報の受け渡しのボトルネックを最小限にするため、SoSやEATといった構造を持ちます。チームの仕事を阻害する障害物や課題をすばやく解決するために、SoSやEATにその課題をエスカレーションします。Scrum@Scale全体では、それぞれのチームやSoSのイベントも、情報の流れが最もスムーズになるようにカレンダー上に配置します。つまり、SoSやEATで最終的にすべての障害物を取り除ける状態が、最も仕事を早く終わらせられる状態です。課題がScrum@Scaleの外側に出ていってしまうと、そこが最大のボトルネックになってしまいます。

　この構造を実現するためには、EATに参加するメンバーはかなり強い権限を持った人物であることが求められます。どのような人がふさわしいかは扱うプロダクトや会社全体の組織構造によって異なりますが、例としては次のような人です。

- 承認を求めずにプロダクトの方針を決定できるリーダー（CEO、CTO）
- 予算を握っている人（CFO、財務担当VP）
- 組織構造や人員配置に関する決定権を持っている人
- セキュリティの専門家や法務
- スクラムのプラクティスに関する意思決定ができるアジャイルコーチ（EATのスクラムマスター）

●──── EATも1つのスクラムチームになる

　EATでは課題や障害物が小さいうちに、先手を打って対策を取ることが望ましいです。そのためには、EATもSoSなどと同様、参加するメンバーがフラットな関係で、1つのスクラムチームとして活動する必要があります。

　EATはスクラムチームであるため、デイリースクラムなどのイベントも実施します。理想的には毎日15分、各スクラムチームやSoSのデイリースクラムの直後に実施するのがよいでしょう。ただし、EATではチームのデイリースクラムよりももう少し複雑なトピックを扱うこともあるため、15分以上必要な場合もあります。また、基本的に多忙な人たちに集まってもらうので、毎日の開催が難しい場合もあります。しかしあまり間隔が空きすぎると、EATが全体のボトルネックになってしまいます。どれほど間隔

が空いてもスプリントごとに必ず1回は実施するべきです。

●────EATのメンバーは外部のステークホルダーのようにならない

EATに参加すべきエグゼクティブは、当然Scrum@Scaleの組織の仕事だけをしているわけではありません。この人たちは会社全体の経営の舵取り_{かじ}をするのが主な仕事です。そのため、エグゼクティブな立場の人たちはついEATに対して、チームの外側から働きかけをするステークホルダーのような気持ちで参加してしまうことがあります。このような気持ちで参加してしまうと、EATとして実施しているデイリースクラムなどの場が、チームからの報告や相談の場のような雰囲気になってしまいます。そうなってしまうと、メンバーは報告のためにきれいなスライドを準備したり、事前に入念なデータを集めたりといった余分な作業をしてしまいます。

また、報告を受けるエグゼクティブがEATに対して上下関係を意識させるような振る舞いをしてしまうのも良くありません。メンバーから仕事の障害物に関する気軽な相談をしようという気を削いでしまうからです。

EATが単純な報告の場ではなく、1つのスクラムチームとして機能するためには、EAT自体の活動のレトロスペクティブを行うのが効果的です。レトロスペクティブの場でチームビルディングのようなことをしてみるのもよいでしょう。こうして各メンバーの関わり方を整えます。そしてレトロスペクティブを通じて、チームとしてのEAT自体の活動や、意思決定のプロセスの継続的な改善活動を行います。それによって少しずつ、EATは単なる会議体ではなくスクラムチームなのだという意識が醸成されます。スプリントごとにレトロスペクティブを必ず行うのが難しい場合でも、月に1回などの可能な限り短い間隔でレトロスペクティブを実施するのがよいでしょう。

組織構造の継続的な改善

コンウェイの法則によると、ソフトウェアアーキテクチャはそれを開発・運用する組織の構造に大きな影響を受けます。チームをまたいだコミュニケーションにはコストがかかるため、仕事をチームの中だけでなるべく解決しようとする力学が働くからです。そしてそれがシステムの分割点などアーキテクチャ

に影響を与えます。これを防ぐには組織構造を柔軟に保ち、アーキテクチャの進化に合わせて組織のほうを変更できるようにしておく必要があります。しかし、組織の変更には大きなコストが伴い、容易なことではありません。

●───人が異動することによるコスト

　組織の変更には人の動きが伴います。人がチームを異動すると、もともとの所属チームと、新しくその人を受け入れるチームの双方に負担が生じます。人を送り出すチームは、その人を失うことによって損なわれる能力や仕事量を補填しないと従来のパフォーマンスを発揮できなくなります。また、新しく人を受け入れるチームも、その人に対する教育や、従来のメンバーとの関係性を構築するために多くの時間を要します。

●───人ではなくチームの組み合わせを変えていく

　Scrum@Scaleは、組織構造の継続的な改善が比較的容易に行えるフレームワークです。

　Scrum@Scaleには、実際の開発を担うスクラムチームのほかに、チーム間を結合するためのスクラムチームを構造として備えています。SoSやSoSoSといったチームです。このチームは、この枠組みに所属している各チームから代表者を選出して構成しますが、代表者は常に固定化されているわけではありません。たとえば、SDSには、各チームから解決したい課題を持っている当事者が参加するので、顔ぶれは毎回異なります。デイリースクラムのたびに参加メンバーが変わったとしても、それによって負担が増えることはありません。

　Scrum@Scaleでは、人を直接動かさずに組織構造を変更できます。SoSやSoSoSに所属している「チームの組み合わせ」を動かすことができるからです。

●───どのように組織を変更するか

　では、どのようにして組織を変更するのかを考えてみましょう。

　SoSは、チーム共通の関心事が強い者どうしを結び付けます。つまり、チームどうしの依存関係の強さでSoSの組み合わせを考えます。SDSを繰り返していると、ある特定のチームが議論に加わることが少ない、という状

況に気付く場合があります。これは、依存関係の弱いチームが同じSoSに含まれてしまっている兆候です。この場合は依存関係の弱いチームをSoSから外すことを考えます。

逆に、SoSに所属していないチームと頻繁に仕事の受け渡しが発生しているようであれば、これも変更のポイントとなります。SoSを再編して同じSoSへ所属するようにしましょう。

チーム間の依存関係はいろいろな部分で現れます。チーム間におけるコミュニケーション量の多寡で、依存関係の強さを測ることができます。プロダクトバックログアイテムがチームをまたいで特定の順番でデリバリする必要がある場合、そこには依存関係が生じています。チーム間のビルドパイプライン注6の順番を考慮しないといけないような関係もあります。このような依存関係は、時間とともに変化していくものでもあります。継続的に可視化して、SoSの組み合わせと依存関係とに齟齬が見つかった場合は躊躇せず再編しましょう。

依存関係の可視化にはさまざまな方法が考えられますが、最初は簡単なものでかまいません。ホワイトボードにふせんを貼り、そのふせんどうしを線で結んで依存関係を表現する、といったもので十分です。

SoSやSoSoSのレトロスペクティブ、EATの会議といった場が、実際に組織構造を変更するために議論をする場になります。

●───EATだけで人の配置を決定できるようにする

人をなるべく動かさずに、チーム間の関係性を変えることで組織を継続的に改善します。これがScrum@Scaleで組織を作っていく際の基本戦略です。しかし当然ながら、人をまったく動かさずに組織を整えることはできません。

チームの依存関係の変化や、作成しているソフトウェアのフェーズによっては、当然人の入れ替わりが必要な場合もあります。たとえば、チームに新しくモバイルアプリケーションの開発が必要になったので、モバイルエンジニアを招きたいなどです。エンジニアが自らのキャリアのために新しい仕事を希望する場合もあるでしょう。

注6　ビルドのプロセスを順にたどっていくことです。たとえばライブラリのビルドを先に実行してから、そのライブラリを使用しているシステムのビルドを行い、テストを実行するなどの流れが考えられます。

　このような場合でも、Scrum@Scaleの内部だけですばやく意思決定を行えるのが理想的です。EATの構成メンバーの中に、人の配置を決める権限を持つ人がいるのはこのためです。

　人の異動はただでさえコストのかかる仕事です。それを毎回Scrum@Scaleの外側にいる、人事権を持っている人に依頼をしなければならないとしたら、相当骨が折れてしまいます。EATは、Scrum@Scaleの組織にとって必要な仕事がすべてその内側で完結するために存在する機関なのです。

プロダクトオーナーサイクル

　ここまで、開発者を主体とするスクラムマスターサイクルにおけるスケーリングを解説してきました。ここからは、プロダクトオーナーの活動をスケールする、プロダクトオーナーサイクルを見ていきましょう。図4.1の右側の円です。

図4.1　Scrum@Scaleの概念図（再掲）

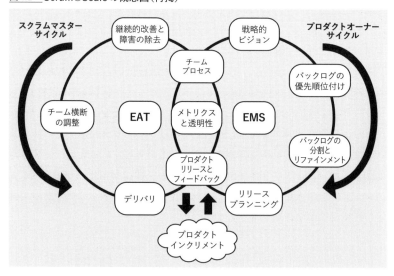

なぜプロダクトオーナーは開発チームから独立してスケールするのか

　Scrum@Scaleを構成する単一のスクラムチームは、通常のスクラムチームと何も変わりません。開発者、スクラムマスター、プロダクトオーナーの3つの責任を有します。

　スケーリングスクラムのフレームワークの中には、単一のプロダクトバックログを複数のチームで消化していく形式のものがあります。この場合は1人のプロダクトオーナーと複数のスクラムチーム、という関係性です。

　組織として異なる複数のプロダクトを扱いながらも、全体を協調させて活動したい場合があります。この場合は組織全体として一貫性を維持しながら、複数のプロダクトバックログを扱う必要があります。

　Scrum@Scaleはプロダクトオーナーのスケールを定義しています。複数のプロダクトがある場合はそれを担当するチームそれぞれにプロダクトオーナーがいて、個別のプロダクトバックログを扱いながら、組織全体を協調させます。これが1つ大きな特徴です。

　スクラムチームは、スプリント期間を通してインクリメントを作ります。一方プロダクトオーナーの活動は少し様子が異なります。スクラムにおけるイベントにはプロダクトオーナーも参加しますが、プロダクトオーナーは実際のインクリメントを開発する仕事はしません。開発者が日々インクリメントを作る作業をしている間、プロダクトオーナーはプロダクトの価値を高めるための活動に注力しています。

　ステークホルダーと会話をしたり、スプリントレビューで得られたフィードバックを分析したりします。時にはユーザーインタビューや、プロダクトが取り巻く市場の調査など、チームの外側に目を向ける仕事も多いです。これは、プロダクトオーナーの日々の活動が開発者やスクラムマスターとはまったく異なった動きをしていることを意味します。

　これまでに説明したSoSやSDSなどのイベントは、開発者やスクラムマスターのためのものでした。この中にプロダクトオーナーが入っていったとしても、プロダクト価値を磨いていく活動の手がかりはあまり得られそうにありません。プロダクトオーナーには開発者やスクラムマスターとは異なった形でのスケーリングが必要です。

　これが、Scrum@Scale がスクラムマスターサイクルとプロダクトオーナーサイクルを2つに分けて定義している理由です。

　さらに、Scrum@Scale には分割統治という考え方があります。各チームのプロダクトオーナーや、後述するチーフプロダクトオーナー、EMS というそれぞれのレベルで、責任範囲を明確化します。これによって、意思決定の遅延を最小化できます。明確に責任範囲を区切られた範囲であれば、その内側の責任ですばやい意思決定が可能だからです。意思決定のスピードは組織のイノベーションのスピードにつながり、結果的に競争の優位につながります。そのために Scrum@Scale では各チームにプロダクトオーナーを置きます。

チーフプロダクトオーナーとメタスクラム

　プロダクトオーナーのスケールと言っても、それほど難しいことはありません。基本的にはスクラムマスターサイクルの節（56ページ）で説明した組織構造に従います。つまり、SoS や SoSoS といった構造です。

　各チームのプロダクトオーナーは、SoS や SoSoS といった構造でひと塊りになったチームどうしの結び付きの単位で、プロダクトオーナーどうしのチームを組みます。図4.13 のようなイメージです。このチームで、組織全体で一貫性を持ったプロダクトバックログを作ります。そしてチームごとにプロダクトバックログをブレークダウンして供給します。そうすることで、チームが個別のプロダクトバックログを持ちながら、組織全体においても方針がバラバラにならず、一貫した方向性を示し続けることができます。このようなプロダクトオーナーによるチームを「メタスクラム」と呼びます。

　メタスクラムは、プロダクトに関する方向性を決定する場となります。したがって複数の方針決定者が横並びで決定権を持った状態で活動することはあまり好ましい状態ではありません。意見が割れた場合などに、最終的な決定権を持った人が必要です。このメタスクラムには、チーフプロダクトオーナーという最終的な意思決定者を置きます。これは、専任でも、各チームのプロダクトオーナーの誰か1人が兼務してもかまいません。

　メタスクラムにはステークホルダーや経営メンバーが参画し、プロダクトに対する要望を伝えることができます。ただし、最終的な意思決定はチ

図4.13 プロダクトオーナーのチーム

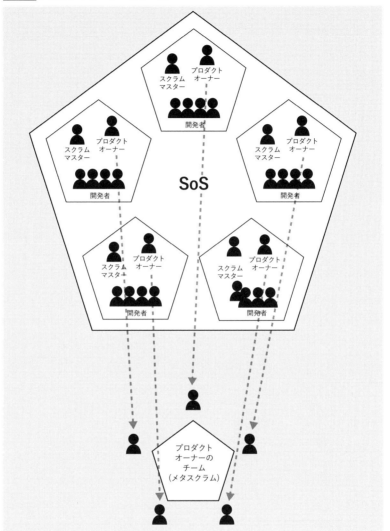

ーフプロダクトオーナーが責任を持ちます。

　スクラムマスターサイクルにおけるSoSは、SoSoS、SoSoSoSと規模が大きくなるにつれて階層構造が深くなります。同様に、このメタスクラムも「メタメタスクラム」といったようにフラクタルの形にスケールします。ちなみに

「メタメタスクラム」のような呼び名はScrum@Scaleのガイドには載っていないので、現場では言いやすい別の呼び名に置き換えてください[注7]。

Scrum@Scaleガイドでは、プロダクトオーナーをスケールする際の用語に関して以下のような記述があります。

これらの拡張ユニットには特定の用語はなく、チーフプロダクトオーナーの特定の拡張された肩書もない。プロダクトオーナーチームやチーフプロダクトオーナー向けの用語や肩書は、各組織で独自に設定することを奨励する。

――Scrum@Scale公式ガイド

本書では、EMSとの関連をわかりやすくするため、プロダクトオーナーチームのことを「メタスクラム」と呼んでいます。一般的にもこの用語を使っているケースが多いためです。

EMS

スクラムマスターサイクルにおける官僚機構にEATがありました。プロダクトオーナーサイクルにおいてそれと同等の位置付けにあたるのが、Executive MetaScrum（以下EMS）です。

ここで、スクラムマスターサイクルと、プロダクトオーナーサイクルの両方の官僚機構がそろいました。**図4.14**でそれぞれの関係性をおさらいし

注7　わかりやすいチーム名を付けて、「[チーム名]メタスクラム」のように呼ぶ例があります。

図4.14 両サイクルの階層の関係性

ておきます。

　それぞれのサイクルでこのように階層が上がっていき、EAT、EMSがそれぞれの最上位の機関です。

●──── EMSの役割

　EMSは、組織全体の戦略ビジョンを策定し、それを組織全体に浸透させます。自律した複数のスクラムチームが動く組織において、このような組織全体を貫くビジョンがない場合、各チームがバラバラに動いてしまいます。これでは、統制の取れない混乱した組織です。つまりスケールした組織にとって、EMSは最も重要な役割を担います。

　EAT同様、EMSも定期的に集まって全体方針やプロダクトバックログに関して議論するイベントを実施します。通常はEMSを統括する最上位のチーフプロダクトオーナーが主体となり、ステークホルダーや各チームのプロダクトオーナー、その他方針決定に必要なメンバーが集まります。できる限りスプリントごとに1回は開催しましょう。

　『A Scrum Book』にメタスクラムというパターンが登場します。これがScrum@ScaleのEMSイベントの元となっています。同書のもととなったWebサイトから、イベントに関する箇所を引用します。元の文は英語なので、次の引用文は筆者が翻訳しました。

優れたメタスクラムは、プロダクト間のすべての意思決定の場となります。プロダクトの意思決定に発言権を持つ人は全員、この会議に招待されるべきです。メタスクラムは定期的に開催され、どこで、どのようなプロダクトに関する決定を行うかを全員が知ることができます。メタスクラムを機能させるためには、CEOの強力なサポートと存在が重要です。Steve Jobsは、Appleで2週間ごとに開催する会議で、プロダクトに関する戦略的な決定を行いましたが、これはメタスクラムの導入の一例です。小規模な企業では、組織内の変化のサイクルに対応するために、メタスクラムは毎週開催することが多いです。

──A Scrum Book: The Spirit of the Game
https://scrumbook.org/product-organization-pattern-language/metascrum.html

----

●———EMSに誰が参加するか

　EMSに誰が参加すべきかは、状況によって異なります。EMSもEATと同様に1つのスクラムチームとみなして活動するべきです。スクラムチームは、そのアウトカムに必要な機能をすべて備えたクロスファンクショナルなチームでなければなりません。この観点を持つと、EMSに誰が参加すべきかがわかります。たとえば、プロダクトの意思決定に会社としての資金的な判断が必要であるなら、CFOが参加することになります。

　EMSの意思決定によっては、組織の再編が必要になります。その場合はEMSとEATが協力してチームを再編成し、組織全体で価値の提供を最大化するようにします。いくつかのScrum@Scale組織では、四半期ごとにその期中のプロダクトの事業計画に基づいてチーム編成を刷新する、という事例が見られます。

プロダクトオーナーの活動を支援するイベント

　プロダクトオーナーは、プロダクトに関する意思決定をするための情報収集やプロダクトの理解を深めるために、チームから離れて活動することが多くなります。そのため、スクラムチームのメンバーから見た場合に少し距離が遠く感じます。しかし、プロダクトオーナーもスクラムチームの重要な一員です。

　通常、プロダクトオーナーはWhatを担い、開発者はHowを担うとされています。Scrum@Scaleでも、プロダクトオーナーサイクルとスクラムマスターサイクルのそれぞれの役割はそうなっています。このように定義すると、プロダクトオーナーは少しもHowに口を出してはいけない、または開発者はWhatを一切考えないように見えてしまいます。しかし現実のチーム活動はもう少し境界があいまいなものです。

　スクラムチームには、プロダクトバックログリファインメントという場があります。スクラムガイドで定義されている5つのイベントには含まれていませんが、プロダクトバックログアイテムを洗練するためのとても重要な場です。そしてこれは、プロダクトオーナーと開発者が相互にコラボレーションをする場でもあります。この場では、開発者はプロダクトオー

ナーがWhatを考えるための支援をしたり、プロダクトオーナーが開発者の考えるHowの話を聞いたりします。

このように、スクラムにおけるプロダクトオーナーと開発者がコラボレーションをする機会はいくつかあります。

●──プロダクトバックログリファインメント

メタスクラムのプロダクトバックログアイテムは、各チームのプロダクトオーナーが選択します。そしてそれをもとにして、自分が所属するスクラムチームのプロダクトバックログアイテムを作ります。そのためにチームの開発者の協力を得て、階層ごとにプロダクトバックログリファインメントを行います。

上位レイヤのメタスクラムがプロダクトバックログを作る際には、同じ階層にあるSoSを構成するチームの開発者が支援をします。

メタスクラムで管理するプロダクトバックログは、最終的に各チームのスプリントで扱われることになります。そのため、メタスクラムではプロダクトバックログの並び順に注意を払います。メタスクラムがプロダクトバックログアイテムの優先順を明確に決めます。そしてその順番で各チームのプロダクトオーナーが、自分たちのチームのためのプロダクトバックログアイテムへと分割します。

プロダクトバックログを最終的に整える場は、インクリメントを作る単一スクラムチームでのプロダクトバックログリファインメントです。

●──スケールされたスプリントレビューとスケールされたスプリントプランニング

最終的なインクリメントは、単一のスクラムチームが作成しリリースします。すべてのチームが独自に最終的な作成物を直接リリースできればよいのですが、状況によっては複数のチームの作成物を統合してリリースすることもあるでしょう。

このような場合は、SoSが統合の責任を負います。SoSによって統合したインクリメントは、ひと塊りに統合したものとしてフィードバックを受ける必要があります。そのようなときは、チームのスプリントレビューと同じようにフィードバックを得たいステークホルダーや顧客を呼んでスプ

リントレビューをします。

Scrum@Scale ガイドでは「スケールされたスプリントレビュー」[注8] と表現しています。

スケールされたスプリントレビューは、チーフプロダクトオーナーが率いるメタスクラムがファシリテートします。

SoS での統合作業が必要なチームは、チームどうしの相互依存度が極めて高い状態です。そのため、スプリントレビューだけでなくスプリントプランニングも合同で行うほうがよいでしょう。

この合同のスプリントプランニングは、Scrum@Scale ガイドでは「スケールされたスプリントプランニング」[注9] と表現しています。

スケールされたスプリントプランニングは、メタスクラムとスクラムマスターが行います。

まとめ

本章では、Scrum@Scale の構成やイベントを見てきました。プロダクトオーナーサイクルとスクラムマスターサイクルとが関連した仕事の流れを図4.15にまとめます。

メタスクラムは、配下のプロダクトを全体的に横断するプロダクトバックログを持ちます。このプロダクトバックログは、チーフプロダクトオーナーを中心として管理します。

メタスクラムが実施するプロダクトバックログリファインメントで、プロダクトバックログアイテムを並べ替えます。その順番に従って各チームのプロダクトオーナーが、各チームで扱える単位のプロダクトバックログアイテムへと分割します。そしてプロダクトオーナーは、この分割したプ

注8　英語版のガイドでは The scaled versions of the Sprint Review
注9　英語版のガイドでは The scaled versions of Sprint Planning

図4.15 仕事の流れ

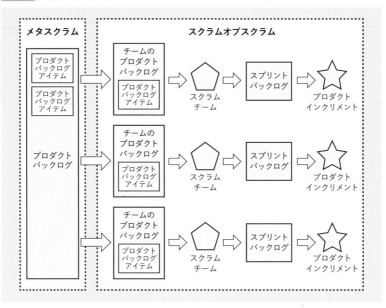

ロダクトバックログアイテムを自分のチームに持ち帰ります。持ち帰った
プロダクトバックログアイテムは、自チームのプロダクトバックログアイ
テムに変換します。この作業は、チームのプロダクトバックログリファイ
ンメントで開発者と共同して行うこともあります。

　各チームは、自チームのプロダクトバックログを扱います。SoSを構成
し、SDSなどのイベントでチーム間が連携します。そしてチームごとにス
プリントプランニングでスプリントバックログを作成し、スプリントを通
じてプロダクトインクリメントを作ります。

　次章からは、Scrum@Scaleの12のコンポーネントの残りをそれぞれ解説
します。

第 **5** 章

Scrum@Scaleを形成する
12のコンポーネント

　Scrum@Scaleは、図4.1にあるように、12のコンポーネントを定義しています。第4章では、チームのプロセスに焦点を当てたスクラムマスターサイクルと、プロダクトオーナーの活動に焦点を当てたプロダクトオーナーサイクルを紹介しました。そしてそれぞれの組織構造や、スクラムチームとして実施するイベントなどを説明しました。また、それぞれのサイクルで「実用最小限の官僚機構」の構造のための中核として「EAT」と「EMS」を取り上げました。

図4.1　Scrum@Scaleの概念図（再掲）

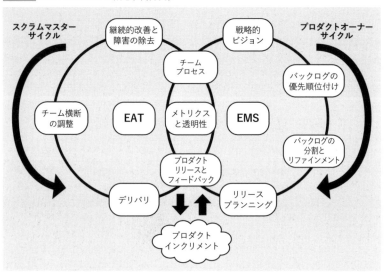

　本章では、前の章で紹介した「EAT」と「EMS」を除いた残りの10のコンポーネントをそれぞれ見ていきます。

習熟度を確認するために 12のコンポーネントを使う

　本章で紹介する概念図に描かれた12のコンポーネントは、自分たちの組織にScrum@Scaleを実装するための手がかりとなります。それと同時に、現在自分たちがどこまでうまくやれているのかの習熟度合いを確認する手助けにもなります。

　これらの12の要素は、「コンポーネント」と呼ばれるだけあって疎結合なものです。したがってこれらの中に不十分な部分が一部あったとしても、そのほかの要素に与える影響は限定的で、全体としては機能します。

　Scrum@Scaleを導入しようと試みている組織は、まずはこの12のコンポーネントそれぞれに着目します。そして自分たちはどのくらいこれらを実践できているのかを確認します。不十分なものを見つければ、それに優先順位を付けて、1つずつ順番に改善します。この改善の項目と優先順位は変革バックログとしてEATで扱います（EATがまだ未実装であればSoSでもかまいません）。

　12のコンポーネントを活用することで、Scrum@Scale組織としての日々の活動を改善していくことができます。このようにして、自分たちの組織に少しずつ導入します。

最初に行うコンポーネント

チームプロセス——2つのサイクルの交差点

　ここから12のコンポーネントを順に解説してきます。最初は「チームプロセス」です。

　チームプロセスは、概念図からもわかるようにスクラムマスターサイク

ルとプロダクトオーナーサイクルの最初の交差点です。両サイクル共通の
コンポーネントであり、Scrum@Scaleの考え方の基盤となります。このコン
ポーネントで示されているのは「スクラムガイドが規定しているスクラム
を行うこと」です。

　チームプロセスのゴールは、開発者、スクラムマスター、プロダクトオ
ーナーからなるスクラムチームが、スクラムのプロセスを正しく行えてい
る状態です。

　Scrum@Scaleは、複数のスクラムチームが、第4章で解説した構造を作
りながらスケールしていくフレームワークです。したがって、それぞれの
スクラムチームが未成熟な状態でスケールしてしまうと、組織全体が未成
熟なまま大きくなってしまいます。そのような状態でSoSやメタスクラム
などのレイヤでいくら改善を重ねても意味はありません。

　自己管理されて価値のあるインクリメントを安定的に作り出せるスクラ
ムチームを磨きあげるところが、全体のチームプロセスを整える大事な出
発点となります。

　個別のスクラムチームが十分に機能できる状態が整ってから、それを拡
張してSoSを作ります。そしてプロダクトオーナーはメタスクラムとして
活動します。こうして、第4章で紹介したScrum@Scaleとしての構造やプ
ロセスを整えます。

　チームプロセスが十分に機能しているかを確認するための手がかりとし
て、Scrum@Scaleガイドでは次のような「チームプロセスのゴール」を規定
しています。

- 完成の定義を満たす作業のフローを最大化する
- チームのパフォーマンスを時間の経過とともに向上させる
- 持続可能で、チームをより豊かにする方法で運営する
- 顧客フィードバックループを加速させる

——Scrum@Scale公式ガイド

　次のようなことがあると、このコンポーネントはまだ十分に整っていな

守破離

ご存じの方も多いでしょうが、スクラムを学習するとたびたび「守破離」という合気道などでも使われる言葉を目にします。

Jeff Sutherland博士による著書『スクラム──仕事が4倍速くなる"世界標準"のチーム戦術』ではこのように書かれています。

「守」の段階では型と決まりに従い、背景にある精神を身につける。「破」の段階では、型の中で自分のスタイルを探り、必要に合わせて自分なりに決まりを取り入れる。「離」の段階へくると、型を超えて理想の形を体現する。

──Jeff Sutherland著、石垣賀子訳『スクラム──仕事が4倍速くなる
"世界標準"のチーム戦術』早川書房、2015年、p.282

スクラムを実践している現場では、自分たちのプロセスを「守破離」の「離」である、と言いながら結構大胆にアレンジしているさまを見かけることがあります。ソフトウェア開発の現場は、扱っているプロダクトによって実にさまざまなコンテキストがあります。したがって自分たちに合った形を模索して工夫をするのは何も悪いことではありません。一方で、Jeff Sutherland博士は同書の別のページでこのようなことも書いています。

スクラムは最初は意識して実践することが必要だが、次の新たな次元--考えなくても自然に動ける段階へ到達するため、たゆまぬ努力も必要だ。

──『スクラム──仕事が4倍速くなる"世界標準"のチーム戦術』p.57

筆者は小学生のころ空手を習っていましたが、最初の数年間はただひたすらに決められた型を繰り返し練習させられました。そして、その動きが体に染み付いて、特に何も考えなくても体が自然に動く段になってからやっと、次の応用を教わります。型から離れてアレンジをすることは、仕事のやり方を大きく改善するために有効なプロセスであるのは確かです。しかしその離れるべき「型」に対して、自分たちは頭で考えなくても自然に体が動くくらい習熟できているだろうか、というのは常に念頭に置いておきたいところです。

い状態です。

● スプリントゴールの未達が続く
● ベロシティが安定しない、またはチームのパフォーマンスを計測していない
● スプリントレビューで意味のあるフィードバックが得られない

● ───── Scrum@Scaleでの守破離の「破」

Scrum@Scaleはとても自由度の高い柔軟なフレームワークです。先ほど、まずはしっかり機能する単一のスクラムチームを作る、と書きました。この説明とは矛盾してしまうのですが、十分に成熟して発展的な改善のフェーズに入ったチームどうしの組み合わせであれば、必ずしもスクラムに縛られる必要はありません。

Scrum@Scaleは関心の近いチームどうしをSoSで結合し、情報の同期を取ります。このようにして他チームと協調するポイントさえ守れていれば、それぞれ個別のスクラムチームの運用にはかなり自由な裁量があると考えられます。

この考え方によってチームの運用を応用していくと、たとえばあるチームはカンバンを用いて開発してもかまいません。ある特定のSoSはその内側ではLeSSのように振る舞っても、ほかのチームにはさほど影響がありません。全体として一貫性のあるタイムボックスと、情報を同期するポイントなどの決まりごとを守りさえすれば、それ以外の活動は比較的自由にできます。

ただし、Scrum@Scaleとして全体を適切に運用するためには、スクラムマスターサイクルとプロダクトオーナーサイクルのそれぞれを破綻なく遂行していく必要があります。ここで紹介した例はあくまでも発展型であって、最初は原則どおり「スクラムチームをしっかり作る」ことを重視してください。

スクラムマスターサイクルのコンポーネント

　ここからはスクラムマスターサイクルの活動を定義するコンポーネントを見ていきます。

継続的改善と障害の除去　開発の障害を迅速に取り除く

　まずは「継続的改善と障害の除去」です。

　Scrum@Scaleの活動を定義する12のコンポーネントの多くに言えますが、これはScrum@Scale独自の考え方ではありません。スクラムガイドでは、スクラムマスターの仕事の一つとして次のようなことが書かれています。

　スクラムチームの進捗を妨げる障害物を排除するように働きかける。

　　　　　　——『スクラムガイド』https://scrumguides.org/docs/scrumguide/v2020/2020-Scrum-Guide-Japanese.pdf

----

　また、デイリースクラムに関しても、スクラムガイドに次のような文章が見られます。

　デイリースクラムは、コミュニケーションを改善し、障害物を特定し、迅速な意思決定を促進する。

　　　　　　　　　　　　　　　　　　　　　　　——『スクラムガイド』

　このように、仕事を進めるうえでの障害物となるものを取り除く活動は、スクラムの中で頻繁に行われる最も重要なものです。スクラムチームは、Impediment List（「妨害リスト」とか「障害リスト」と訳されます）という形で常に仕事の障害物を見える化します。そして最優先でこれらを取り除くことで、すばやく仕事を終わらせます。

　チームのデイリースクラムで解決できなかった障害物は、SoSやEATと

いった上位の機関へエスカレーションします。そして可能な限りすばやくそれに対処します。エスカレーション先の機関ですばやく解決できるのが理想ですが、必ずしもそうではない場合もあります。そのため、SoSやEATでもImpediment Listを作ることもあります。

　スクラムでは、デイリースクラムによって日々の活動における障害物へ迅速に対処します。また、チームプロセスにおける問題点をレトロスペクティブによって明らかにして改善します。このような活動がScrum@Scaleを形成する組織全体の活動として行えているかが、このコンポーネントで定義されています。

　最後にScrum@Scaleガイドより、このコンポーネントのゴールとして書かれている項目を引用します。

- 障害物を特定し、改善の機会としてそれを捉え直す
- 変化を可能にする透明性と可視性を組織内に確保する
- 障害物の優先順位付けと除去に効果的な環境を維持する
- 改善がチーム / プロダクトのメトリクスにプラスの影響を与えていることを確認する

—— Scrum@Scale 公式ガイド

　次のようなことがあると、このコンポーネントはまだ十分に整っていない状態です。

- デイリースクラムがただの進捗報告の場になっている
- レトロスペクティブでプロセスを改善するアイデアが出ない
- Impediment Listが存在しない、またはその中の項目が長い間滞留している

チーム横断の調整　コラボレーションの合理化

　Scrum@Scaleでは、複数のチームが協調して動いていく必要があります。しかし、組織内のすべてのチームが絶えずコミュニケーションをし続けることは不可能です。したがって関心事の近いチームどうしを結び付けて密

にコミュニケーションができるようにし、逆に関心事が遠いチームとは頻繁に同期をしなくてもよい状態を維持します。これらの構造は、SoSなどによって形作られます。

　チームどうしを連携し仕事の流れをスムーズに保つには、チームを横断する調整を絶えず行っていく必要があります。第4章でも解説したように、SoSなどによって組み合わせたチーム編成は未来永劫同じ状態を保つわけではありません。プロダクトの変化や開発フェーズの進展によってチーム間の依存関係は変化していくので、それに合わせて柔軟に組み替えることも検討しなければなりません。

　組織全体のプロセスに起因して、コラボレーションが阻害されることもあります。たとえば、SoSを形成する各スクラムチームのタイムボックスがバラバラの場合は、コラボレーションがかなり難しくなります。1週間スプリントと2週間スプリントのチームが混在するSoSでは、スムーズに仕事の受け渡しをするのは困難です。

　1つ例を挙げてみましょう。各チームのデイリースクラムの実施タイミングによって、SDSにスムーズに情報が集まらない事例です。

　SoSの中にA、B、Cの3つのチームがあります。そのうち、AチームとBチームは、朝の始業直後にデイリースクラムを実施しています。残りのCチームは、お昼休み明けにデイリースクラムを開催します。このSoSでは、朝のAチーム、BチームそれぞれのデイリースクラムのあとにSDSを設定しています（**図5.1**）。

　さて、お昼休み明けに開催したCチームのデイリースクラムの中で、ほかのチームとの連携が必要な課題を見つけました。この結果をただちにSDSに持ち込み、解決に取り組みたいと考えています。しかし、このSoSのスケジュールでは、SDSは朝の時間帯に開催しているため、翌日まで待つ必要があります。

　チームメンバーの居住地のタイムゾーンなどによってどうしてもほかのチームとイベントを同期しにくいケースもあるでしょう。しかし、この例で見たように、イベントの実施タイミングのずれはそのまま時間的なボトルネックになってしまいます。SDSにはなるべく旬な情報がただちに集まってくるように、時間帯を工夫するべきです。

　このコンポーネントにおけるScrum@Scaleガイドで定義されているゴー

図5.1　デイリースクラムの順番がスムーズでない例

	月	火
9時	A, Bチームデイリースクラム スケールドデイリースクラム	A, Bチームデイリースクラム スケールドデイリースクラム
10時		
11時		
12時	昼休み	昼休み
13時	Cチームデイリースクラム	Cチームデイリースクラム
14時		
15時		
16時		

ルは以下です。

- 関連する複数のチーム間で類似のプロセスを同期させる
- チーム間の依存関係を緩和し、障害物とならないようにする
- 一貫性のあるアウトプットのために、チームの規範とガイドラインの整合性を維持する

——Scrum@Scale公式ガイド

　次のようなことがあると、このコンポーネントはまだ十分に整っていない状態です。

コラム

レベル2のスクラムマスター

　日本で認定スクラムマスターなどの講師としても活動しているアジャイルコーチの Zuzana "Zuzi" Šochová は、「スクラムマスターの3つのレベル」という概念を用いてスクラムマスターの段階的な成長を説明しています。

　Zuzi の著書『SCRUMMASTER THE BOOK』[注a]では、この考え方を #Scrum MasterWay (#スクラムマスター道)[注b] と呼んでいます。

　レベル1は「私のチーム」です。このレベルのスクラムマスターは自分のチームに責任を持ちます。まずは1つの自己管理したチームを作ることがこのレベルのスクラムマスターの役割です。

　レベル2は「関係性」です。このレベルのスクラムマスターは、チームが持つつながりを強化する役割を担います。顧客、マーケティング、サポートセンター、会社の上司など、チームの外側にもチームと関わりを持つべきたくさんの関係性があります。この関係性に着目し、協力関係を継続的に改善します。

　最後のレベル3は「システム全体」です。会社全体、あるいは自分が属している大きなシステム全体にアジャイルやスクラムの価値観を浸透させます。このレベルのスクラムマスターは、アジャイルコーチとか、エンタープライズコーチと呼ばれることもあります。

　Scrum@Scale で重要なのは、レベル2以上のスクラムマスターとしてのマインドです。特に SoS や EAT といったスクラムチームをファシリテートするスクラムマスターにとっては必須のスキルです。

　Scrum@Scale で構築されている階層的な構造を扱うスクラムマスターにとって、#ScrumMasterWay はとても有用です。これを学ぶことで、スクラムマスターとしてどのようなスキルを身に付け、キャリアをステップアップさせていけばよいかがわかりやすくなります。1つのチームのスクラムマスターとして活躍している人は、SoS や EAT といったより上位におけるチームの関係性を整えることを目指して、研鑽を積んでいきます。

注a　Zuzi Šochová 著、大友聡之／川口恭伸／細澤あゆみ／松元健／山田悦朗／梶原成親／秋元利春／稲野和秀／中村知成訳『SCRUMMASTER THE BOOK——優れたスクラムマスターになるための極意——メタスキル、学習、心理、リーダーシップ』翔泳社、2020年

注b　SNSのハッシュタグを模して頭に「#」が付けられている Zuzi の造語です。

- チーム間のプロセスに一貫性がなく、情報が滞る
- 依存関係が複雑で、SoSをまたいだコミュニケーションが頻繁に発生する
- ワークフローの中間にチームをまたいだ大きなボトルネックがある

デリバリ　完成したプロダクトを届ける

　デリバリは、各チームの仕事を統合し、それを顧客に向けて提供することです。プロダクトが最終的に顧客に届くことにより、フィードバックが得られます。そしてそれは、スクラムマスターサイクルとプロダクトオーナーサイクルにとっての新しいインプットとなります。

　複数のチームでそれぞれ個別にインクリメントを作ります。チームが単独で顧客に直接リリースできることもあれば、複数チームのインクリメントを統合してリリースする場合もあるでしょう。また、チームが単独でリリース可能であったとしても、プロダクトの状況によって組織はいつでも再編される可能性があります。したがって、組織全体で一貫したデリバリのプロセスを保つために、デリバリの責任はSoSが持つべきです。

　デリバリをスムーズに短いサイクルで実施するためには、自動化は欠かせません。継続的インテグレーション／継続的デリバリのしくみを構築し、開発したインクリメントがいつでもリリース可能な状態を保つ必要があります。こういった自動化のしくみを個別のチームごとに独自に用意してしまうと、組織を再編する場合のボトルネックになります。もちろん、サーバアプリケーションとモバイルアプリケーションとでは、デプロイプロセスは大きく異なります。したがって扱っているソフトウェアの種別ごとにデプロイのしくみが分かれてしまうのはしかたがありません。しかし、だからと言ってサーバアプリケーションを開発している複数のチームがそれぞれ個別のCIツールを使っているような状態は好ましくありません。

　組織全体で一貫したデプロイプロセスを維持できるように、SoSなどチームを横断する単位でこれを扱います。

　このコンポーネントにおけるScrum@Scaleガイドで定義されているゴールは以下です。

- 顧客に一貫した流れで価値ある完成したプロダクトを届ける
- 異なるチームの作業をシームレスな1つのプロダクトに統合する
- 高品質な顧客体験を確保する

——Scrum@Scale公式ガイド

次のようなことがあると、このコンポーネントはまだ十分に整っていない状態です。

- デリバリーのプロセスが一部またはすべて自動化されていない
- チームごとにCI/CDのしくみや使用しているツールが異なっている
- デリバリーに1日以上といった長い時間がかかっている

プロダクトオーナーサイクルのコンポーネント

続いて、プロダクトオーナーサイクルを形成するコンポーネントを順に説明します。

戦略的ビジョン　組織全体の方向性を作る

優れたスクラムチームは自律しています。特にScrum@Scaleでは、チームごとにそれぞれプロダクトオーナーがおり、チームごとに別々のプロダクトバックログを持っています。小さいチームがそれぞれ自分の意思で自律してプロダクトの成功に向かって活動している姿は、とても機能的ですばらしく見えます。チームのサイズも小さく小回りがきくので、市場の変化に対しても柔軟に対処できます。チームは自律しているため、それぞれが今何をすべきかの意思決定を自ら行います。

　このような組織の活動は理想的ですが、チームが有機的に動いてプロダクトの価値を作るためには、全体の方向性を定めたビジョンが不可欠です。組織全体を方向付ける一貫した戦略がなければ、それぞれのチームが勝手気ままに動いてしまいます。そうすると、またたく間にプロダクト間の一貫性は崩れて組織は崩壊してしまうでしょう。

　会社には、社是・ミッション・行動指針などがあります。同様に、Scrum@Scaleでも組織が何を目指し、どういう価値を提供するのかという強い戦略的ビジョンが必要です。これがあってはじめて、複数のチームが有機的に自律してプロダクトゴールを目指せるのです。

　組織全体のビジョンとプロダクトゴールの関係性は、次のようになります。

- **Scrum@Scale の組織全体の方向性を定める、単一のビジョンがある**
- **Scrum@Scale を構成するそれぞれのスクラムチームは、上記ビジョンを共有する独自のプロダクトゴールを定めて、プロダクトバックログを管理する**

　このコンポーネントにおけるScrum@Scaleガイドで定義されているゴールは以下です。

- **組織全体を共通の進むべき道に沿うように方向性を揃える**
- **組織とそのプロダクトの存在理由を魅力的にはっきり述べる**
- **明確さにより、具体的なプロダクトゴールの作成が可能になる**
- **キーとなる資産を活用するために組織が何をするかを説明する**
- **急速に変化するマーケットの状況に対応できるようにする**

——Scrum@Scale 公式ガイド

　次のようなことがあると、このコンポーネントはまだ十分に整っていない状態です。

- **売上などの短期的な目標ばかりを追いかけている**
- **中期的な計画が存在しない**
- **各チームのプロダクトゴールがバラバラの方向を向いている**
- **社外の人にプロダクトの魅力を説明できない**

コラム

EBM

　スクラムチームは、できあがったプロダクトに対して常に外部からのフィードバックを受けながら、探索的にプロダクトを開発します。つまり、フィードバックの内容によっては当初想定していたゴールが変わる場合もあります。

　複雑な市場環境においては、プロダクトのゴールが最初から最後まで変わらずにあり続けることのほうがまれです。一方で、ゴールが頻繁にあちこちと動いてしまうと、チームにとっては目標が頻繁に動き続けてしまうことになり、場合によっては混乱が生じてしまいます。

　このような動き続けるプロダクトのゴールに対して、確かなエビデンスに基づいてより良いゴールへと洗練させていく手法があります。「EBM」（*Evidence-Based Management*）というものです。

　最終的な目的地となる「戦略ゴール」とその中間の目標となる「中間ゴール」。中間ゴールに向けた短期目標の「即時戦術ゴール」。このように段階的なゴールを設定し、より近い即時戦術ゴールや中間ゴールのレベルで短期的な検査と適応を繰り返して、最終的な戦略ゴールの方向性の正しさを検証します。

　このゴールの仮説・検証のループは「KVA」（*Key Value Areas*、重要価値領域）という4種類の指標によって計測し、その値に基づいて意思決定を行います。4種類のKVAは次のようなものです。

- CV（*Current Value*、現在の価値）
- UV（*Unrealized Value*、未実現の価値）
- T2M（*Time to Market*、市場に出すまでの時間）
- A2I（*Ability to Innovate*、イノベーションの能力）

　このように具体的なエビデンスに基づいて意思決定を行うことで、ゴールが動いたとしてもその決定に納得感を与えることができ、意思決定の透明性を保てます。

　KVAのさらに具体的な例やEBMの詳細については、公式のガイド[注a]が日本語版も提供されているのでそちらを参照してください。

注a　https://www.servantworks.co.jp/works/books/evidence-based-management-guide-japanese/

バックログの優先順位付け　価値の提供の最適化

「バックログの優先順位付け」は、スクラムチームにおけるプロダクトオーナーにとって最も重要な仕事の一つです。

スクラムガイドには、プロダクトバックログに関して次のように書かれています。

プロダクトバックログは、創発的かつ順番に並べられた、プロダクトの改善に必要なものの一覧である。これは、スクラムチームが行う作業の唯一の情報源である。

——『スクラムガイド』

ここに書かれている、プロダクトバックログが「創発的である」というのはどのような状態でしょうか。

第4章でも触れましたが、プロダクトオーナーは、チームが開発作業を行っている間はプロダクトバックログを整える活動をしています。ユーザーの行動を分析したり、顧客と直接会話をしたり、データを分析したり、プロダクトを磨きあげるために必要な仕事の「種」を探し続けています。

こういった活動を繰り返すので、プロダクトオーナーは常に新しいプロダクトバックログを作ったり更新したりし続けます。これが「創発的」ということです。

プロダクトバックログは常に整え続けるので、「最初に作って順番を決めて終わり」ではありません。新しくできあがったプロダクトバックログアイテムをどの順番で着手するのかを常に考える必要があります。場合によっては最新のプロダクトバックログアイテムの緊急度が最も高く、順位の一番上になることもあります。

プロダクトバックログをどのように並べるべきかはさまざまな尺度があります。プロダクトにとって最も価値の高いものを優先するのは当たり前ですが、そのほかの観点もあります。不確実性などのリスクが高いものはなるべく早く着手して、どのようなリスクがあるのかを早いうちに知っておきたい場合があります。このようなタスクは最優先に着手するべきです。また、内部的に依存関係がある場合は、最も依存度の高いタスクから着手

しないと後続の仕事のボトルネックになります。

このようにプロダクトバックログは多角的に判断しながら並び替えます。

また、Scrum@Scaleはチームごとにプロダクトバックログを持つことになるので、チーム間で順番に矛盾がないように注意すべきです。メタスクラムなどでの調整を密に行い、組織全体で一貫した順番になっていなければなりません。

このコンポーネントにおけるScrum@Scaleガイドで定義されているゴールは以下です。

- ● デリバリーするプロダクト、機能、サービスの順位を明確に特定する
- ● 価値創造、リスク軽減、内部依存関係をプロダクトバックログの順位付けに反映させる
- ● プロダクトバックログの分解とリファインメントに先立ち、アジャイル組織全体のハイレベルの取り組みを優先順位をつける

——Scrum@Scale公式ガイド

次のようなことがあると、このコンポーネントはまだ十分に整っていない状態です。

- ● すべてのタスクが「優先度高」
- ● チームをまたいだプロダクトバックログの順番が矛盾している

バックログの分割とリファインメント　チームの理解を深める

メタスクラムが作るプロダクトバックログは、各チーム単位にブレークダウンし、チームが持つプロダクトバックログになります。

第3章で登場したチームは、ユーザーにゲームのバトルを今までよりも早く体験してもらいたいと考えました。そして「チュートリアルにおけるストーリーとバトルの順番を変更する」というプロダクトバックログアイテムを作りました。これをチーム単位に分割して、演出チームは「バトルまでの最初のストーリーを短くする」というチームのプロダクトバックログアイテ

ムを作りました。バトルチームは「バトル中の会話をストーリーの矛盾のないように変更する」というプロダクトバックログアイテムを作りました。演出チームとバトルチームは、個別にプロダクトバックログリファインメントを行い、これらのアイテムの受け入れ条件などを整えます。

このように、プロダクトバックログを階層ごとに整え、最終的にチームが作業に着手できる状態にまで落とし込みます。

このコンポーネントにおける Scrum@Scale ガイドで定義されているゴールは以下です。

- ● ビジョンを実現するための複雑なプロダクト、プロジェクトおよび関連するプロダクトゴールを特定する
- ● そうした複雑なプロダクトとプロジェクトを、独立した要素に分割する
- ● すべてのバックログアイテムを、チームが1スプリントで完成させることができるアイテムへとさらにリファインできるようにする

——Scrum@Scale 公式ガイド

次のようなことがあると、このコンポーネントはまだ十分に整っていない状態です。

- ● チームに落とし込まれたプロダクトバックログが、自分たちだけで仕事を完結できる状態になっていない
- ● メンバーのプロダクトバックログの内容への理解が十分ではない
- ● プロダクトバックログアイテムが着手可能な状態になっていない

リリースプランニング　長期的な計画を作る

スクラムチームは、通常1スプリントごとにインクリメントを作成します。スプリントごとに、価値のある動くソフトウェアを作ることができれば理想的です。1つの小回りのきくスクラムチームの活動であれば、スプリントごとにプロダクトを顧客に対して必ずリリースすることはそれほど難しくありません。しかし複数のチームに依存関係があり、各チームのインクリメントを統合してリリースするような場合は、リリースまでの長期

的な計画が必要になることもあります。

　そのような場合は、メタスクラムとしてリリースプランニングを作成します。ここでのリリースのコミットメントは、後述しますが確実に約束できるようなものではありません。

　リリースに向けた見積りと実績の測り方は、通常のスクラムとさほど変わりません。プロダクトバックログリファインメントによってプロダクトバックログは大きさを見積もった状態になっているはずです。それを必要なアイテムの数だけ足し合わせたものが全体の見積りです。

　このプロダクトバックログアイテムに対して見積もったポイントは、各チームが毎スプリント消化します。チームがそのスプリント内で実際に終わらせたプロダクトバックログアイテムに対して、あらかじめ見積もっていたポイントの合計が実際に消化したポイントの実績値です。これの直近数スプリント分の平均などをとってベロシティを計測します。

　具体的な例を図5.2で表現しました。この例では、プロダクトバックログに見積りが終わっているAからFの6つのプロダクトバックログアイテムがあります。スプリント1週目で、A、B、Cの3つのプロダクトバックログアイテムを選択して消化しました。これら3つのアイテムの見積りの合計は10ptなので、スプリント1週目の実績値は10ptです。同じように、スプリント2週目でD、E、Fの3つのプロダクトバックログアイテムが完了しました。このスプリントの実績値は8ptです。スプリント1週目の実績値

図5.2　見積もりと実績

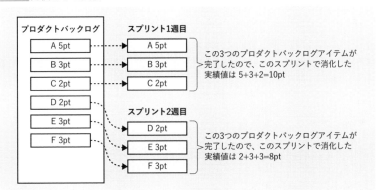

10ptと、スプリント2週目の実績値8ptの平均は9ptです。この結果から、現時点でのこのチームのベロシティは9ptです。残りの未完了のプロダクトバックログアイテムの見積りの合計が仮に27ptであった場合、このチームはおよそ3スプリントほどで残りのプロダクトバックログアイテムを終わらせることができそうです（27 ÷ 9 = 3）。

　全体の見積りと、チームの実績値をバーンアップチャートにプロットすることで、リリースプランニングができあがります。

　実際にベロシティを計測するとわかりますが、チームは常に一定の決まったポイント数を消化し続けられるわけではありません。チームの状態や、実際にやってみた作業の難易度などによって毎回ある程度数字はぶれます。そこでリリースプランニングでは、通常のベロシティ（直近数スプリントの平均値）に加えて、ベロシティの実績から割り出した最低値と最高値も同時にプロットします。たとえば、ベロシティの ± 20％の値を最低値、最高値とみなします。ほかにも標準偏差を用いる方法もあります。こうすることで、リリースプランを範囲としてとらえられるようになります。

　リリースプランの範囲は、次の2通りの見方ができます。

- すべての機能がそろう時期の範囲を伝える
- この時期までに完成する機能の量の範囲を伝える

それぞれ見ていきましょう。

●───すべての機能がそろう時期の範囲を伝える

　図5.3は、必要なすべての機能がいつ提供できるかの範囲を表したバーンアップチャートです。

　縦軸が見積りのストーリーポイントで、縦軸と直交している横向きの破線が、開発しなければならないすべての機能を見積もったポイントの合計です。

　横軸はスプリント数を表します。それぞれスプリントごとに、実績値をプロットしています。実績値には3本の破線が伸びていますが、それぞれ左から「実績の最大値からの予測値」「現在のベロシティからの予測値」「実績の最小値からの予測値」です。

図5.3 いつすべてをリリースできるか

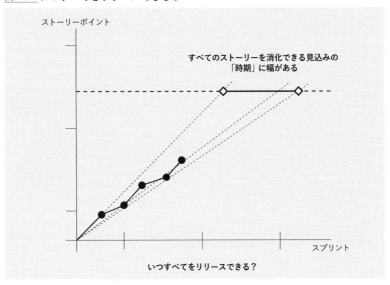

予測値と見積りの破線の交わる範囲が、すべての機能をリリースしているであろう時期を示す範囲です。

●──ある時期までに完成する機能の量の範囲を伝える

図5.4は、指定された時期に何が提供できていそうかの範囲を表したバーンアップチャートです。

グラフの見方は図5.3のときとほとんど同じです。今回はn番目のスプリント時点での、実績の最小値と最大値の範囲を縦に見ます。この縦の範囲が、n番目のスプリントで完了しているストーリーポイントの範囲です。ここから、どの機能が確実に終わりそうか、どの機能がうまくいけば終わりそうかといった情報を読み取ります。

●──期限に確実に終わらせるためにやることを減らす

法改正などに伴う機能開発は、期限が厳密に定められている場合があります。このように期限が動かせない開発では、作るべき機能の数を調整することになります。たとえば、システムとして必ず実装しておかなければ

図5.4 n番目のスプリントでは何が終わっているか

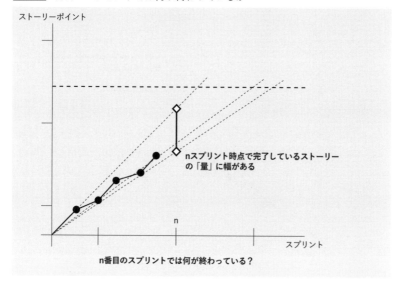

n番目のスプリントでは何が終わっている？

ならないものと、一時的にであれば手動運用でもかまわないといったようなものがあるとします。このような場合には、手動運用で代替可能であるものは期限以降に開発を先送りできます。

図5.5は、n番目のスプリントまでにすべての開発を終えておきたい場合のリリースプランニングです。実績値をプロットした結果、当初予定していたすべての機能は開発できないことがわかりました。そのため、見積りの総量を減らして実績の最低値と交差する地点でn番目のスプリントに到達できるように調整しています。

このコンポーネントにおけるScrum@Scaleガイドで定義されているゴールは以下です。

- ● 主要なプロダクトインクリメントと機能のデリバリー時期を予測する
- ● ステークホルダーにデリバリー時期を伝える
- ● デリバリーのスケジュールが財務に与える影響を伝える

——Scrum@Scale公式ガイド

図5.5　期限までに間に合わせるように機能数を減らす

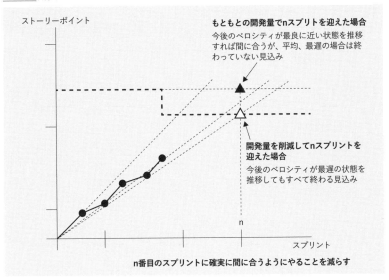

n番目のスプリントに確実に間に合うようにやることを減らす

　次のようなことがあると、このコンポーネントはまだ十分に整っていない状態です。

- いつリリースできそうかステークホルダーに伝えられない
- ベロシティを計測していない
- リリース日を必ず守れる約束としてステークホルダーに伝えてしまっている

共通のコンポーネント

　Scrum@Scaleの概念図では、中心でスクラムマスターサイクルとプロダクトオーナーサイクルが交差しています。ここからは、両サイクル共通のコンポーネントを説明します。

プロダクトリリースとフィードバック　プロダクトバックログの更新

　プロダクトをリリースすると、さまざまなフィードバックがチームにもたらされます。ユーザーや市場からの反応、ステークホルダーからの反応といったフィードバックは、プロダクトオーナーサイクルが解釈します。これらは、新しいプロダクトバックログアイテムのためのインプットです。これによって、プロダクトの継続的改善が促されます。

　実際にリリースしたソフトウェアの稼働状況に関するフィードバックも得られます。新しくリリースした機能によって、ユーザーが極端に増えればシステムに対する負荷状況などのバランスに影響があります。また、手順に誤りがあるなどのリリース作業そのものへのフィードバックが得られれば、スクラムマスターサイクルで解釈し、デプロイプロセスの改善の契機になります。

　スプリントで実際にリリースするまでに要した進捗などの情報は、リリースプランニングの改善のインプットになります。

　このコンポーネントは、スクラムにおける反復的な改善の要となる部分です。多くのフィードバックをこまめに得られるようにするためには、こまめにリリースすることが肝要です。巨大なプロダクトを一度にリリースするのではなく、最小限のプロダクトを繰り返しリリースすることでそれは実現できます。

　このコンポーネントにおけるScrum@Scaleガイドで定義されているゴールは以下です。

- ● 仮説を検証する
- ● 顧客がプロダクトをどのように使用し、相互作用するかを理解する
- ● 新しいアイデアや、新しい機能性に対する創発的な要求を収集する

　　　　　　　　　　　　　　　　　　　　　——Scrum@Scale公式ガイド

　次のようなことがあると、このコンポーネントはまだ十分に整っていない状態です。

- 複数の機能を一度にリリースするので、どの機能改善が有効だったのかがわからない
- リリースが四半期に1回で、四半期の間プロダクトに関する新しい発見が得られない
- プロダクトを改善するための方法をメンバーが把握していない

メトリクスと透明性　検査・適応のための手段

　プロダクトのリリースがうまくいっているか、ユーザーに利用されているか、システムは安定して稼働しているか——これらは、前述したプロダクトに対するフィードバックとも関連する重要な情報の一部です。これらを把握するためには、継続的にメトリクスを収集し、それがメンバーの誰にでも見える状態になっていなければなりません。

　必要なメトリクスはプロダクトによって異なります。そのため、「この値を取るべきである」というのをここで限定することは難しいのですが、Scrum@Scaleガイドでは例として次のような指標を挙げています。

- 生産性 – 例: スプリントごとにデリバリーされる動作するプロダクトの量の変化
- 価値提供 – 例: チームの労力あたりのビジネス価値
- 品質 – 例: 不具合発生率、サービス停止時間
- 持続可能性 – 例: チームの幸福度

——Scrum@Scale公式ガイド

　本書でもソフトウェア開発の現場で扱われるメトリクスのいくつかを具体的な例として紹介していきます。

●——チームのパフォーマンス

　チームのパフォーマンスを測る手がかりとして、昨今ではFour Keys Metricsという4種類のメトリクスが支持を集めています。Four Keys Metricsは次の4種類の指標です。

- **デプロイの頻度**
  - 本番環境へのリリースの頻度
  - 多いほど良いとされる
- **変更のリードタイム**
  - ソースコードに手を入れてからリリースされるまでの所要時間
  - 短いほど良いとされる
- **変更失敗率**
  - デプロイが原因で本番環境に障害が発生する割合(%)
  - 低いほど良いとされる
- **MTTR(*Mean Time To Repair*)**
  - 本番環境に障害が発生してから回復するまでの時間
  - 短いほど良いとされる

『LeanとDevOpsの科学』[注1]では、この4つの指標に対しての2014年から2017年までの4年間の調査研究の結果が記載されています。それによると、これら4つの指標はトレードオフの関係ではありません。ハイパフォーマーに分類された組織は、4つの尺度すべてにおいて高水準でした。そしてローパフォーマーに分類された組織との結果の差は年を経るごとに拡大していることが示されています。

●──── SLI(サービスレベル指標)／SLO(サービスレベル目標)

稼働中のシステムの品質を測る手がかりとしては、SLO(*Service Level Objective*、サービスレベル目標)と、それに対するSLI(*Service Level Indicators*、サービスレベル指標)などがあります。

たとえば、あるサービスの月間稼働率の目標が99.9％だとします。これがSLOです。これに対して、ある月の対象サービスの実際の稼働率がSLIです。99.9％が月間稼働率の目標である場合、月の日数を30日とすると、ダウンタイムの合計が43.2分を超えると実際の月間稼働率が99.9％を下回ります。つまり裏を返せば、この場合は毎月40分程度のダウンタイムであれば許容範囲内の稼働率であると考えます。SLOに対するダウンタイムと

注1　Nicole Forsgren Ph.D／Jez Humble／Gene Kim 著、武舎広幸／武舎るみ訳『LeanとDevOpsの科学──テクノロジーの戦略的活用が組織変革を加速する』インプレス、2018年

SLI値の関係をもう少し詳しく**表5.1**にまとめました。

表5.1 ダウンタイムとSLIの関連

ダウンタイム	SLI（月間稼働率の実績）	SLO（99.9%）に対して
40.0分	99.91%	達成
43.2分	99.90%	達成
60.0分	99.86%	未達成

　この目標に対して、実際の実績値に対して顧客に強くコミットするものを SLA（*Service Level Agreement*）と呼びます。たとえばSLIがSLOを下回った場合はダウンタイムの超過時間に応じて利用料を返金するといったものです。

　これらは、対外的にシステムの品質・安定性を示す情報としてユーザーに対して公開しているのが一般的です。公開していない場合も、これらの値を内部で注視します。そしてSLOを下回りそうな月は積極的な機能開発を中断してエンジニア工数をシステムの安定稼働のために振り向ける、などの判断に用います。

●───ビジネスを測る指標

　プロダクトがビジネスに貢献しているかというのも、チームを駆動するために必要なメトリクスです。このデータに基づいて、プロダクトオーナーがプロダクト価値を高める施策を考えるからです。ビジネスを測る指標は多岐に渡りますし、扱っているプロダクトによって扱うべき指標は異なります。ここではSaaSサービスでよく使われる指標のいくつかを例示します。

- **ARPU**（*Average Revenue Per User*）
  1ユーザーあたりの平均収益

- **ARPPU**（*Average Revenue Per Paid User*）
  有料ユーザー1人あたりの平均収益

- **LTV**（*Life Time Value*）
  1人の顧客がサービス利用の全期間内でサービスにもたらす全収益の平均

- **Churn Rate**
  解約率

- **NPS**（*Net Promoter Score*）
  10段階評価の顧客満足度

●───**メトリクスは単独では意味がない**

　メトリクスを取得して読み取る場合は、必ず複数のメトリクスの相関を見る必要があります。たとえば、毎日体重を計測している人の体重が増えたからといって、それだけで不健康になったとは断言できません。体脂肪率と体重を見比べて、体脂肪率も同様に増加しているのであれば改善の必要があります。しかし体脂肪率に変化がないのであれば、筋肉量などが増加しているということなのでただちに健康への害はなさそうであると判断できます。

　前述の Four Keys Metrics を例に取ってみても、同様の見方ができます。たとえば、デプロイ頻度が倍になったとします。そのとき、変更失敗率も同様に倍になっていたとしたら、ユーザー体験を大きく損なっていることになります。これではデプロイ回数が増えたと喜んでいる場合ではありません。

　この項で紹介したメトリクスのモニタリングに関するおおよその考え方を学ぶのであれば、『入門 監視』[注2] などの書籍がお勧めです。

　このコンポーネントにおける Scrum@Scale ガイドで定義されているゴールは以下です。

- ● データに基づく意思決定を行うための適切なコンテキストを提供する
- ● 意思決定の遅延を減らす
- ● チーム、ステークホルダー、リーダーシップが必要とする作業を効率化する

　　　　　　　　　　　　　　　　　　　　　　───Scrum@Scale 公式ガイド

　次のようなことがあると、このコンポーネントはまだ十分に整っていない状態です。

- ● メトリクスが取得できていない
- ● メトリクスを参照するダッシュボードに、一部の人にしかアクセス権がない
- ● プロダクトの意思決定にメトリクスが活用されていない

注2　Mike Julian 著、松浦隼人訳『入門 監視──モダンなモニタリングのためのデザインパターン』オライリー・ジャパン、2019年

まとめ

　ここまで、各コンポーネントの詳細を見てきました。本章のまとめとして、図4.1のScrum@Scaleの概念図を見ながらこれらのコンポーネントの関連を見ていきましょう。

図4.1　Scrum@Scaleの概念図（再掲）

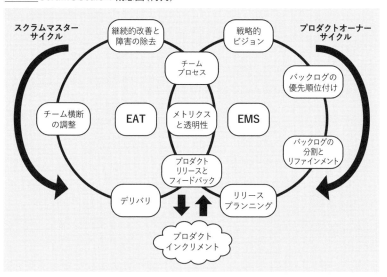

　スクラムマスターサイクルとプロダクトオーナーサイクルの最初の交差点は「チームプロセス」です。スクラムガイドが定義しているスクラムの活動を軸に、Scrum@Scaleとしての組織構造を定義しています。ここからいったんスクラムマスターサイクルと、プロダクトオーナーサイクルの活動は分岐します。

　プロダクトオーナーサイクルでは、組織全体の一貫性を維持し、スケールされたすべての組織が足並みをそろえるために「戦略的ビジョン」を策定し、維持します。

　次に、その「戦略的ビジョン」に基づいて作成したプロダクトバックログ

の優先順位付けを行います（「バックログの優先順位付け」）。

　プロダクトバックログは、決められた優先順位に従って整え、必要に応じて各チーム単位に分割します（「バックログの分割とリファインメント」）。

　プロダクトバックログの準備が整えば、それをいつリリースするのか「リリースプランニング」を行います。

　これらの活動を「EMS」が中心となって繰り返します。

　スクラムマスターサイクルでは、日々の開発をしながらプロセスの「継続的改善と障害の除去」を行います。

　スケール化された組織では、複数チームが連携して作業にあたることとなるため、「チーム横断の調整」も欠かせません。

　やがて開発したプロダクトを「デリバリ」します。

　これらの活動は「EAT」が中心となって繰り返します。

　活動が分岐していたプロダクトオーナーサイクルとスクラムマスターサイクルは、プロダクトをデリバリし、そのフィードバックを得る段階で再び合流します。ここで、それぞれの活動の次のスプリントに必要な重要な手がかりを得ます（「プロダクトリリースとフィードバック」）。

　これらのフィードバックを正しく解釈するために「メトリクスと透明性」が重要な要素となります。

　これらの両輪の活動を繰り返しながら「プロダクトインクリメント」を生み出します。

　これが、Scrum@Scale の全貌です。

第 **6** 章

現場へどのように導入していくか

　ここまでの章で、Scrum@Scaleがどのようなもので、どういう決まりごとや考え方があるのかを説明しました。

　スクラムに限らずさまざまな開発プロセスのいずれにも言えますが、プロセスを知識として理解するのと、それを実際の現場に適用するのとでは大きな違いがあります。私たちが日常の仕事をする現場は、それぞれ異なるコンテキストで溢れています。他社事例などは場合によっては参考になりますが、世の中には「自分たちとまったく同じ現場」というものは存在しません。異なるコンテキストとのギャップによって、他社事例をただまねするだけではうまくいかないことがほとんどです。

　とはいえ何のガイドもなく新しい開発プロセスを現場に適用するのも難しいです。そこで本章では手がかりの一つとして、Scrum@Scaleを現場にどのように適用していけばよいかの順序の一例を考えます。この一例を自分たちの環境にどのように当てはめられそうかを考えながら読み進めてください。

ステップ0：機能しているスクラムチームを作る

　Scrum@Scaleは基本的にはシンプルです。単一のスクラムチームがスクラムガイドそのままの活動をしていき、それが階層的に拡張されているだけの構造です。つまり、Scrum@Scaleにおけるすべての基盤は、十分に機能している単一スクラムチームです。

　最初の基盤となるスクラムチームの活動を軸としてそのチームの日々の活動を拡張していくと、スクラムマスターサイクルに発展します。そしてそのチームのプロダクトオーナーの活動を拡張していくと、プロダクトオーナーサイクルへと発展します。その結果、Scrum@Scaleで活動するスケールされた組織となっていくわけです。

　この最初の基盤となるスクラムチームが不安定なままスケールをさせていくと、その不安定さを抱えたまま組織が拡張します。結果としてScrum@

Scale全体が不完全な状態で大きくなってしまいます。どのようなものであっても、問題は小さくシンプルなうちに解決するのが最も簡単です。不安定な状態のスクラムチームによる不安定さがスケールされた組織全体に波及してしまうと、これを立て直すのはとても困難です。

　Scrum@Scaleでスケールされた組織を作る最も基本となる前提は、基盤となる単一のスクラムチームが安定してプロダクトの価値を届けられている状態になっていることです。この基盤を作るためには、優秀な専任のスクラムマスターが欠かせません。この基盤となるチームで成果をあげたスクラムマスターは、そのあとのScrum@Scaleとしての拡張の中でもコアな人材となり、SoSのスクラムマスターなどスケールされた組織の要になります。組織内に経験豊富なスクラムマスターがおらず不安な場合は、社外からプロのアジャイルコーチを招くことも検討すべきです。スケーリングスクラムの経験を持つアジャイルコーチはなかなかレアな存在かもしれませんが、経験豊富なアジャイルコーチであれば、単一のスクラムチームを成熟したチームに導くことができます。そういうチームが1つ立ち上がってからスケールに着手するのが、結果的には一番の早道です。

スクラムチームが機能しているとはどういう状態か

　スクラムチームが機能しているかどうかを定量的に評価するのはなかなか難しい問題です。たとえばスクラムチームではベロシティを計測することがありますが、この数字の多寡がスクラムチームの成熟度と相関があるかというとそのようなことはありません。チームが高い生産性を発揮し、たくさんのインクリメントを作っていても、それが顧客価値に結び付いていない場合はその生産性に意味はありません。Melissa Perriは著書『プロダクトマネジメント』[注1]の中で、このような状態を「ビルドトラップ」と呼んでいます。チームが多くの顧客価値を提供できているかを計測するためには、ベロシティ以外にもプロダクトを評価する指標を計測していく必要があります。

注1　Melissa Perri著、吉羽龍太郎訳『プロダクトマネジメント──ビルドトラップを避け顧客に価値を届ける』オライリー・ジャパン、2020年

　顧客価値が十分に届けられていて、プロダクトを評価するための指標も良い数字が出ていれば、それはとてもすばらしいことです。しかしそのためにチームが毎夜遅くまで長時間働き疲弊していれば、チームの継続性に不安があります。Jeff Sutherlandはチームの生産性の先行指標として、スプリントごとにチームの幸福度を計測するとよいと書いています[注2]。

　つまり、チームが機能しているかを知るためには、複数の指標を測る必要があります。チームやプロダクトの状態を知るメトリクスに関しては、第5章の「メトリクスと透明性」の項でも説明しているので参照してください。

注2　『スクラム──仕事が4倍速くなる"世界標準"のチーム戦術』p.194

コラム

スクラムチームの成熟度

　Scrum.orgのトレーナーであるRon Eringaは、ブログ[注a]でスクラムチームの成熟度を自己評価するための資料を公開しています。その資料では、スクラムマスター、プロダクトオーナー、開発者それぞれの成熟度を測り、その中で一番小さい数字をチームの成熟度とする、と定めています。吉羽龍太郎氏による日本語訳[注b]も公開されていますので、こういった資料を手がかりとするとよいでしょう。

注a　https://roneringa.com/leading-scrum-teams-to-maturity
注b　https://www.ryuzee.com/contents/blog/14555

ステップ1：SoSを立ち上げる

　Scrum@Scaleをこれから導入しようとする組織には大きく2通りの形が考えられます。すでに複数のチームがある場合と、1つのチームをこれから複数に増やしていく場合です。本章では1チームからの拡張を解説していきますが、複数チームがすでに存在する場合の例を先に簡単に解説します。

　Scrum@Scaleの導入を検討した段階ですでに複数のスクラムチームが存在する場合は、まずはSoSを立ち上げましょう。稼働しているチームが5チーム以内であれば、とりあえず1つのSoSでチームの連携を開始します。そしてSoSの活動の中でチームどうしの依存関係を精査しながら、必要に応じてSoS自体を分割していくとよいでしょう。

　稼働しているチームが5チーム以上ある場合は、最初から複数のSoSを立ち上げることを検討する必要があり、難度が高くなります。可能であるならチームの数がまだ少ない段階から、何らかのスケーリングスクラムのフレームワークを導入しておくべきです。

単一のチームを複数に拡張する

　ステップ0で示したように、最初に十分に熟達したスクラムチームを仕上げてからスケーリングさせていく場合を考えます。この場合は「最初のチーム」を起点にチームを分割していくことになります。

　第2章でスクラムチームにとって最適な人数を考えましたが、少ない人数のほうが活動をしやすいとは言えるものの、明確に何人までと上限は決まっていません。

　『チームトポロジー』ではダンバー数[注3]を例にして、できるだけ少ない人数のチームでの活動が高いスループットを得られることや、認知負荷がなるべく小さくなるようにチームごとの役割を定めることなどを説明してい

注3　5人、15人、50人、150人といった人数を境に、それぞれ人間どうしの親密度が変化していくことを表す数字のことです。

ます。

　『Dynamic Reteaming』[注4]では、チームを分割したほうがよいサインを次のように述べています。

- 会議が長くなっている
- 合議制での意思決定が難しくなっている
- チーム全員が同じ仕事をしていない。チーム内にサブグループのような異なる仕事をしている集まりがある
- 会議で発言する回数が極端に少ない人がいる

　このような兆候が見られたら、チームの分割を検討すべきでしょう。

チーム分割の落とし穴

　『Dynamic Reteaming』では、チーム内の兆候を感じ取り、分割を検討する際のパターンを「Grow-and-Split」パターンと名付けています。そのパターンでは、分割によるいくつかの落とし穴が紹介されています。

●——人がチームを横断する

　チーム内で重要な役割を担っている人がいる場合、分割された2つのチーム両方でその人の存在が必要になる場合があります。そのようなメンバーはチーム分割後に2倍のミーティングに参加することとなってしまい、チーム分けの意味が薄れてしまいます。チーム分割前に採用や権限委譲を適切に進めて、チームの分割後に兼務となってしまう人がいないように努力しなければなりません。

●——分割後の依存関係

　1つのチームを2つに分割する場合、もとのチームが持っているコードベースなどの資産をきれいに2つに分割するのが理想です。2つのチームが1つのモノリスを扱う状態だと、仕事が困難になります。一方のチームでの

注4　Heidi Helfand, *Dynamic Reteaming: The Art and Wisdom of Changing Teams, 2nd Edition*, Oreilly & Associates Inc, 2020.

変更により、もう一方のチームのコードが壊れてしまうようなことが起こるからです。単一のコードベースを扱いながらこれを避けるためには、チームどうしで密接な情報の連携が必要になります。しかし、これではチームを分割するメリットを大きく損ねてしまいます。チームを分割する場合は「コンウェイの法則」を思い出してください。そしてそれぞれのチームが異なるマイクロサービスコンポーネントを扱えるように、コードベースの分割も同時に進めることを検討してください。

　複数のチームがどうしても同じコードベースを所有しなければならない場合は、そのチームどうしをSoSやメタスクラムで連携します。そしてそこでの連携を通じて、スプリントでの作業がコードベース上で衝突しないような工夫が必要です。状況によってはScrum@Scaleよりも、複数のチームで1つのプロダクトバックログを共有するLeSSなどが適切な場合もあります。

SoSのスクラムイベントをスタートする

　SoSを形成するチームの組み合わせが決まれば、あとは実際に日々のイベントを実施します。各スクラムチームのイベントの合間を縫ってSoSとしてのイベントを設定していきましょう。SDSと、スケールドレトロスペクティブは必須イベントです。

　特にスケールドレトロスペクティブがうまく動き始めると、SoSそのものの改善のサイクルが回ります。そうすると、スクラムチームとして自走している感覚が得られます。これでまずは1つ山を越えることができます。

　通常のレトロスペクティブと、スケールドレトロスペクティブに大きな違いはありません。日々の自分たちの活動をふりかえる場です。ただし、スケールドレトロスペクティブの場合には、組織構造に関してもふりかえるようにしましょう。

　SoSは、関心事の近いチームどうしが集まって情報を密にやりとりしています。逆に言えば、関心事が遠いチームとはそれほど頻繁な情報の同期は必要ありません。大規模スクラムに限ったことではなく、規模の大きな組織の運用が難しい最大の理由は、この情報の同期にかかるコストが規模

に比例して大きくなるからです。そこでScrum@Scaleでは、日常的に同期が必要な、関心事の近いチームは頻繁に情報をやりとりします。そしてそうでない関係性のチームとは疎結合な状態を維持します。こうして、必要最小限のコミュニケーションと官僚機構を実現します。

開発が進展し、外部からのフィードバックを受けながら柔軟に検査と適応を続けていると、チーム間の関係性や依存関係にも当然変化が起こります。これまでは関心事が近く、こまめな同期が必要だったチームどうしであっても、APIなどのインタフェースが整備されるにつれ関心事が上手に分離されていくこともあります。こうなると、わざわざSoSとして毎日情報を同期しなくてもスムーズに仕事が進むようになります。

SoSとしての関心事が変化した際には、いくつかの兆候があります。SDSで発言や情報のエスカレーションが減ってくると、そのチームの関心事は現在のSoSから離れている兆候です。

また、依存関係をマッピングした図などを作成し、スケールドレトロスペクティブの場などを利用して、定期的にメンテナンスしていくのも有効です。依存関係を表現する図から、お互いの情報の行き来を表す線が少しずつ消え始めるのは、チームの自律性が高まっている証拠です。

このようなチーム間の関係性が変化した場合には、ためらわずにSoSの組み合わせを変えて組織構造を変更していきましょう。

SoSの作成物

SoSは、スクラムチームどうしが情報をやりとりするためのハブとなる場です。SoSとして何か具体的な作成物を作ることはありません。実際に動くソフトウェアを作り、リリースするのは個別のスクラムチームの仕事です。

SoSでは関心事の近いチームどうしが連携しています。そのため、ソフトウェアのリリースにおいてもSoS内でタイミングを合わせて結合してリリースする必要があるように思われます。しかし継続的デリバリのしくみが十分に整っていればその必要はありません。

『LeanとDevOpsの科学』によると、2017年の調査研究の結果ではローパ

フォーマーのデプロイの頻度は週1回から月1回だったそうです。それに対して、ハイパフォーマーのグループのデプロイ頻度は1日複数回オンデマンドで行われており、それは年間では1,600回に及ぶとされています。

大規模なスクラムに限らず、スクラムチームがフロー効率を高めて高速に価値を届け続けるためには、継続的デプロイのしくみは必要不可欠です。

とはいえ、これらはあくまでも理想の姿です。現実的にそこまでのしくみが整えられていない場合もあるでしょう。そのような場合は、SoSとしてソフトウェアの統合の活動を実施することもあります。また、SoSのレベルでの統合されたソフトウェアに対するスプリントレビューをする場合もあります。

EATを立ち上げ、エグゼクティブメンバーを巻き込む

SoSが立ち上がると、スケールドレトロスペクティブにおけるSoS自身の改善のサイクルが回り始めます。そうすると今度は、Scrum@Scaleの外側とのコミュニケーションでボトルネックを感じることが増えてきます。これらは自分たちが改善のオーナーシップを持っている領域の外側の問題となるため、SoSだけではこのボトルネックを解消できません。また、組織を継続的に改善するためには、増員やScrum@Scaleの外側からの人の異動といった、人事的な要素が必要になることもあります。

このように、SoSだけではすばやく解決できない課題や障害物が増えてくると、EATの立ち上げの気運が高まっている兆候です。EATを組織内に立ち上げましょう。

EATを立ち上げたとしても、その中で解決できない課題が現れてくることがあります。そのときは、組織内に必要なメンバーがそろっていない状態であると考えられます。このような状況が現れたら、必要なエグゼクティブメンバーを招き入れましょう。

Scrum@Scaleの外側にあるチームとの関係性でボトルネックが生じた場合は、その外側のチームの代表者にEATへ参画してもらいます。人事的な対応の必要性があるならば、人事部門で決裁権を持った人にEATへ入ってもらいます。必要な人を巻き込み、Scrum@Scaleの内側ですべての仕事が

完結できる状態を目指します。

　こうした外部のチームからの参画者やエグゼクティブは、参画当初はEATに対してステークホルダーのような関わり方をすることがあります。しかし、EATはSoSと同様、1つのスクラムチームです。そしてそこに参加するメンバーはスクラムチームのメンバーです。チームとしての一体感を醸成するためにはEATとしての定期的なレトロスペクティブが効果的です。その中で、EATのメンバーはScrum@Scaleのチームに対するステークホルダーではなく、スクラムチームの一員であることを繰り返し確認します。

ステップ2：メタスクラムを立ち上げる

　本章ではScrum@Scaleの段階的な導入順序を説明しているため、メタスクラムの立ち上げを便宜上ステップ2としています。実際はSoSの立ち上げと同時並行で進めるのが理想です。

　各チームにそれぞれプロダクトオーナーがいるのは、Scrum@Scaleの大きな特徴の一つです。これまでの章でも述べてきたように、個々のスクラムチームは自己管理し、自律して動いています。そのために、裏を返せば各チームがバラバラに活動をすることになり、複数チーム間で協働するうえでの一貫性を保てない恐れがあります。

　プロダクトの共通のゴールやビジョンを共有し、一貫性を持って各チームのプロダクトバックログを作っていく必要があります。そのためには、プロダクトオーナーの集まりであるチームが必要です。第4章で解説したメタスクラムです。このチームによって、組織全体に対するプロダクトバックログが作られます。そしてそこからブレークダウンしたものが、各チームのプロダクトバックログとなります。

チーフプロダクトオーナーを選出する

　メタスクラムとして活動をするために、まずはチーフプロダクトオーナーを選出しましょう。チーフプロダクトオーナーは専任でも、どこかの個別チームのプロダクトオーナーが兼任してもかまいません。第3章の架空のチームでは、バトルチームのプロダクトオーナーがチーフプロダクトオーナーを兼任していました。あのチームが扱っているゲームの中でも最も重要度の高いものが「バトル」であり、バトルのクオリティやおもしろさがゲーム全体の質と直結していると判断されたためです。

　チーフプロダクトオーナーを兼任する場合は、このようにプロダクトの中でも特にコアコンピタンスに近いチームのプロダクトオーナーが就任するとよいでしょう。

メタスクラムとしてのイベントを立ち上げる

　チーフプロダクトオーナーが決まれば、その人を中心にメタスクラムとしてのイベントを実施します。プロダクトオーナーどうしのデイリースクラムを行って日々同期を取ります。

　メタスクラムで最も重要なイベントは、プロダクトバックログリファインメントです。

　正確には、プロダクトバックログリファインメントはスクラムの正式なイベントではありません。しかしチーフプロダクトオーナーを中心としてチームごとに一貫性を持ったプロダクトバックログを作り込んでいくためには、重要な活動になります。メタスクラムとしてプロダクト全体のプロダクトバックログを作り、一貫性を持った状態で順番をコントロールします。

　各チームのプロダクトオーナーは、メタスクラムによって決められた順番に従ってプロダクトバックログアイテムを選択します。そして自分たちのチームのプロダクトバックログアイテムとして分割し、チームのプロダクトバックログリファインメントでそれを整えます。こうして、メタスクラムのプロダクトバックログアイテムは各チームの持ち物へとブレークダウンしていきます。

EMSを立ち上げ、エグゼクティブメンバーを巻き込む

　SoSが活動するサイクルの中で必要に迫られてEATを立ち上げていくのと同様、メタスクラムの活動の中でも必要に応じてEMSを立ち上げていくことになります。

　EMSでもエグゼクティブをチームに巻き込んでいきますが、EATとEMSでは巻き込むべきメンバーに違いがあります。

　EATはスクラムマスターサイクルの中核で、「How」に関する意思決定を担います。一方EMSはプロダクトオーナーサイクルの中核であり、「What」に関する意思決定を担います。このような観点で、どのようなメンバーを巻き込んでいくのかを考えていきます。

　EATではチームの活動における障害物を最速で取り除くため、CTOや人事に関する裁量を持つ人などが必要となります。一方EMSではプロダクトオーナーの活動を円滑に進めるために、高速に意思決定ができる人を巻き込んでいきます。CEOや財務を担うCFOなどがチームにいると、すばやい判断が可能になります。

　EATとEMSでそれぞれどういったエグゼクティブメンバーがチームに参画すると効果的か、**表6.1**に一例を示します。

表6.1　EATとEMSが扱う範囲と参加者の例

EATかEMSか	プロセスの何を担うか	参画すると望ましいエグゼクティブメンバーの例
EAT	How	CTO、アジャイルコーチ、人事関係者、セキュリティや法務などの専門家
EMS	What	CEO、CFO、マーケティング責任者、セールス責任者、事業責任者

ステップ3：改善サイクルを回す

SoSによるチーム活動の連携によるサイクル。そしてメタスクラムによるプロダクトオーナーチームの活動のサイクル。これらがそれぞれ動き出せば、ひとまず構造としてのScrum@Scaleは整ったと考えて差し支えありません。

SoSやEATによってスクラムマスターサイクルが回り始め、メタスクラムやEMSによってプロダクトオーナーサイクルが回り始めます。

通常のスクラムチームはスプリントを繰り返しながら、透明性・検査・適応の三本柱のもとに改善のサイクルを繰り返します。同様に、Scrum@Scaleとしてこの構造を維持しつつ、改善のサイクルを繰り返していきます。ここまで来れば「Scrum@Scaleを実践している」と胸を張って言える状態になります。

さて、このスタート地点から終わりなき改善のサイクルを繰り返していくにあたって、Scrum@Scaleはスケールされた組織であるがゆえの複雑さを持ちます。Scrum@Scaleの改善のサイクルは、二重の構造をしています。それは、各チームがスクラムチームとして独自に改善していく活動と、Scrum@Scaleの組織全体として改善をしていく活動との二重構造です。

スクラムチームとしての改善は世の中にある豊富な書籍を参照することで学習できますし、スクラムに関する有償の研修を受講するのもよいでしょう。地域のアジャイルコミュニティに参加し、そこに集まる実践者やアジャイルコーチの手ほどきを受けることもできます。

しかし、Scrum@Scaleのようなスケーリングされた組織全体の改善活動については、本書執筆時点では学習の手がかりはそれほど豊富ではないかもしれません。

そこで手がかりとなるのが、第5章で紹介した12のコンポーネントです。

12のコンポーネントと変革バックログ

12のコンポーネントでは、チームがスクラムマスターサイクルとプロダクトオーナーサイクルでそれぞれどのような活動をしていくのかが次のように定義されています。

- **スクラムマスターサイクル**
  - EAT
  - 継続的改善と障害の除去
  - チーム横断の調整
  - デリバリ
- **プロダクトオーナーサイクル**
  - EMS
  - 戦略的ビジョン
  - バックログの優先順位付け
  - バックログの分割とリファインメント
  - リリースプランニング
- **両サイクル共通**
  - チームプロセス
  - メトリクスと透明性
  - プロダクトリリースとフィードバック

まずは自分たちの組織が、12のコンポーネントそれぞれに対してどの程度実践できているかを自己採点します。それぞれのコンポーネントがどのような活動を定義しているのかは第5章を参考にしてください。

自己採点のあとは、自分たちの組織にとってどのコンポーネントが重要であるかの優先順位を付けます。

そうすることで、自分たちの組織が取り組むべき課題の順序が浮かび上がります。すなわち、優先順位が高く、自己採点の結果が低いコンポーネントから順に取り組んでいけばよいのです。

このように、組織全体として取り組むべき課題のリストを「変革バックログ」と呼びます。

変革バックログはEAT（EATがなければSoS）の持ち物として扱います。自己採点と優先順位付けの結果、デリバリに課題があるとみなされた場合

コラム

EATを一番初めに導入するパターン

本章では、ボトムアップに Scrum@Scale を導入していくパターンを主に紹介しました。

このコラムでは、すでにある程度大きな組織があり、その組織構造との衝突を抑えながらトップダウンに導入していく手順を簡単に紹介します。

トップダウンで Scrum@Scale を導入する場合は、はじめに EAT と、EAT を中心としたパイロットチームを組成します。最初は既存の組織構造には手を入れずに、EAT ＋パイロットチームと、従来の組織とを並行に運用します。

従来組織の中で、新しい活動に興味を持つ人から順に、EAT ＋パイロットチームの組織に入ってもらいます。EAT を最初に立ち上げるのは、本書でも紹介しているように EAT が Scrum@Scale における変革の起点となるからです。

このようなデュアルオペレーションを採用することで、従来組織と、新しい組織のどちらで働くかの選択肢が生まれます。こうすることで抵抗勢力からの反発を穏やかに抑えながら、新しい組織の活動を広げていくことができます。

チェンジマネジメントの分野に大きな影響を与え、邦訳も多く出版されている John P.Kotter は、企業変革の「8つのアクセラレータ」を提唱しています。

❶危機感を醸成する

❷変革を推進するチームを築く

❸戦略的ビジョンを作る

❹ビジョンを伝え、熱意のあるメンバーが参加する

❺障害を取り除き、成果をあげる

❻短期な成功を生み出す

❼変化を促進する

❽変化を根付かせる

従来は「8ステップ」と呼ばれていましたが、現在ではこれら8つに順番にではなく並行して取り組む、とされています。

Scrum@Scale の EAT は、この8つのアクセラレータの「❷変革を推進するチームを築く」に該当します。EAT を、変革を推進するチームと位置付けて8つのアクセラレータを実行していくとよいでしょう。

は、EATやSoSとしてデリバリを整えていきます。たとえば、CI/CDが十分に整えられていない場合は、EATやSoSが主導して各チームにそれらを整えるための計画を入れるように促します。また、技術的な支援が必要であればそれを行います。

このようにして、Scrum@Scaleでは12のコンポーネントを手がかりとして改善の活動を繰り返していきます。

まとめ

本章ではScrum@Scaleを実際の現場に適用するための具体的なステップの例を紹介しました。

スクラムマスターサイクルでは、まずSoSを立ち上げて複数チームを連携します。そしてこれらの意思決定や課題解決をよりスムーズにするため、エグゼクティブメンバーを巻き込んでEATを開始します。

並行して、プロダクトオーナーたちの集まりであるメタスクラムを立ち上げ、プロダクトオーナーサイクルを整えていきます。

ある程度軌道に乗れば、変革バックログを作成して改善のサイクルを回していきます。

Scrum@Scaleで運用される現場
──チャットサービスの開発現場の場合

　本書の最後となる第7章では、筆者が所属している現場で実際に運用している Scrum@Scale の様子を紹介します。

　現場によってコンテキストはさまざまですから、ここで紹介する事例をそのままほかの現場に当てはめることはできません。しかし実際の現場でどのように使われているのかを具体的に示すことで、実践の手がかりの一つとなるのではないかと期待しています。

なぜScrum@Scaleを選択したのか

　本章で紹介するのは、ビジネスチャットシステムを開発する現場です。システムそのものはローンチから10年以上経過しています。

　この現場では、継続的に古くなった技術基盤を刷新するという活動を継続しています。その活動の一環として、システムのコア部分に焦点を当て、大規模にアーキテクチャを刷新する計画を開始しました。この計画に伴い、チームは新しいアーキテクチャで稼働するコンポーネント群を扱う必要があります。そのために、組織フレームワークとして Scrum@Scale を導入することになりました。

逆コンウェイ作戦

　新しいアーキテクチャで想定しているコンポーネント群は、それぞれのコンポーネントをマイクロサービスとして運用します。マイクロサービスとは、依存関係を極力排してそれぞれが独立した小さな複数のサービスとしてソフトウェアを構成するアプローチです。そして、そのマイクロサービスごとに、それを担当する専任のチームが割り当てられます。それぞれのチームはスクラムで活動します。

　この時点で、複数のスクラムチームがある程度協調して動く必要が生じます。そこで、いくつかのスケーリングスクラムのフレームワークの中か

らどれを選ぶかを検討しました。

　新しいアーキテクチャの開発が始まる前の検討段階では、PoC（*Proof of Concept*）と呼ばれる検証期間を行いました。そこで全体のおおよその方針とその実現可能性を検討しました。それを受けて、新アーキテクチャへの移行プロジェクトが正式にスタートしました。

　開発の初期段階で、新しいアーキテクチャを形成するすべてのコンポーネントを完璧に設計しきってしまうのは不可能です。ある程度実際に開発をしながら、そのときどきに発見される課題へ対処していきつつ、どうコンポーネントを分割するのが最適かを試行錯誤しなければなりません。

　ソフトウェアの設計には、それを運用する組織構造の影響を強く受けるという「コンウェイの法則」があります。本書でもたびたび紹介してきた考え方です。

　新しいアーキテクチャを作り込んでいくことにした私たちは、それを運用する組織も同時に作り込んでいくことにしました。想定するアーキテクチャに狙いを定めて組織構造を作ることができるからです。つまり「逆コンウェイ作戦」です。

　前述したように、アーキテクチャ全体の設計はまだ不完全です。試行錯誤を繰り返す中で、少しずつ変わっていくと考えられます。つまりその都度、組織構造もそれに合わせて変更しなければなりません。組織の継続的な改善が柔軟に行えるのが、Scrum@Scaleを選ぶことになった理由の一つでした。

プロダクトオーナーチームの利点

　Scrum@Scaleが私たちにとって都合が良かった点はもう一つあります。プロダクトオーナーが複数人いる体制へ拡張できる点です。

　新しいアーキテクチャの開発と並行して、既存のビジネスチャットシステムも運用を継続しなければなりません。つまりこの時点で、新しいアーキテクチャを作っていくチームのプロダクトオーナーと、既存のシステムを運用していくための意思決定を担う人たちが並存します。1人のプロダクトオーナーが新システムと現行システムの両方を担当するのは、負担が大きすぎるからです。

　新しいシステムと既存のシステムは、それぞれ完全に独立することは難しいです。お互いが情報を共有しながら連携することが望まれます。

　また、将来的にはビジネスチャットをプラットフォームとして、複数のアプリケーションを扱っていくことも計画しています。そうすると会社全体としては一貫した方向性を示しつつも、異なる複数のプロダクトを扱っていくことになります。

　こうなると、必然的に複数のプロダクトバックログと複数人のプロダクトオーナーが必要です。このように、複数のプロダクトオーナーが組織的に並び立つことができるのも、Scrum@Scaleの大きな魅力でした。

　以上のような理由から、私たちの組織ではScrum@Scaleを採用することになりました。

Scrum@Scaleの組織構造とイベントの運用

　ここからは実際の事例として、本書執筆時点でのScrum@Scaleで作られた組織の様子を紹介します。本章の後半では、どのような経緯でこの形になったのか、組織の変遷も紹介します。

3つのスクラムチーム

　図7.1は、Scrum@Scaleを使って実際に開発をしている今回紹介する組織を表したものです。全部で3つのチームがあります[注1]。便宜上、それぞれA〜Cまでのアルファベットでチームを示します。

　Aチームは、認証・認可基盤を刷新することを目的としたチームです。新しいアーキテクチャを設計しているほかの2つのチームとは、それほど密

注1　本書が出版されているころにはさらにチームが増えているかもしれません。現在この本の執筆をしながら、現場では4チーム目を作る準備を進めています。

図7.1　本書執筆時点の組織構造

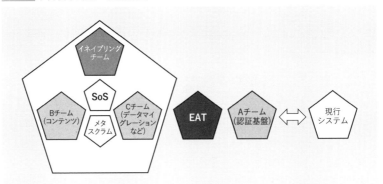

　接なコミュニケーションを必要としていません。将来的には当然深く関わっていくことになりますが、今はまだその状態ではありません。このチームは、現行システムと強い関わりがあります。現行システムはまだScrum@Scaleで組織されている構造の外側にあるため、図ではこのように表現しました。

　Bチームが、新しいアーキテクチャの中核を担う箇所を作り込んでいるチームです。開発が進むにつれて、マイクロサービスとしてどのように分割していけばよいかが見つかります。それに合わせてこのチームを将来的に分割していくことを想定しています。

　Cチームは、Bチームで作り込んだシステムに対して、現行システムからのデータマイグレーションなど、Bチームに対してサポーティブに動くチームです。

　この3つのチームには、それぞれプロダクトオーナー、スクラムマスター、開発者がいます。

　Bチームのこれまでの活動の成果を受けて、近い将来に新しいチームの組成を検討しています。そのため、今後新たに扱う技術を調査する一時的なチームが先行して立ち上がっています。『チームトポロジー』の「イネイブリングチーム」を意識しています。

　このイネイブリングチームは、技術調査が終われば新しいチームにその成果を引き渡して解散する予定です。厳密には解散というより、新しい4

番目のチームとして立ち上がっていくことになるでしょう。

SoSとEAT

BチームとCチームは密接な情報のやりとりが必要となるため、SoSとメタスクラムというスクラムチームとして活動しています。一時的に組成しているイネイブリングチームもこのメンバーです。

B＋CチームとSoSに含まれていないAチームは、EATによって連携して組織全体の一貫性を維持しています。

EATには、Aチーム、SoSからの代表者が参加します。EATは、最終的な課題をScrum@Scaleの組織の内側で解決するために人が集められています。会社全体の技術領域に責任を持つCTO。開発組織に対して責任を持っている人事担当者。チームが所属している事業部の本部長と副本部長。こうした、課題に対する意思決定を直接行える権限と役割を持った人が参加しています。

メタスクラム

プロダクトオーナーの取り組みは、SoSの構造に合わせておおよそ2つに分かれています。

Aチームのプロダクトオーナーは、図7.1のとおり現行システムとの関連が深いため、そちらを担うプロダクトの責任者と多くコラボレーションしています。

SoSを形成しているBチームとCチームのプロダクトオーナー2名は、メタスクラムとして活動しています。Bチームのプロダクトオーナーは、Scrum@Scale組織全体のチーフプロダクトオーナーを兼任しています。

図中にはEMSは登場しませんが、近い将来、各チームのプロダクトオーナーと、現行システムとの情報連携の場をEMSとして構築することを検討しています。アーキテクチャ刷新のためのチームという性質上、扱っている関心事がシステムにおける技術的な要素に現在は偏っています。そのため、まだそれほどEMSを必要としていないのが現状です。

アジャイルプラクティス

Scrum@Scaleの公式ガイドには記載されていませんが、アジャイルプラクティスという機関を第4章で紹介しました。Scrum@Scaleのトレーナーである Gereon Hermkes と Luiz Quintela が、著書『Scaling Done Right』[注2]の中で紹介したアイデアです。

私たちもこのアイデアにならい、アジャイルプラクティスと呼ぶ機関を組織内に設けています。

Scrum@Scaleを導入することを決めた私たちは、独学によって誤った形でこれを導入してしまうことを恐れました。そこで、アジャイルコミュニティで活躍している外部のアジャイルコーチを招くことにしました。私たちのScrum@Scale組織の変遷は後述しますが、開発がスタートした最初の段階から、2つのチームを同時に立ち上げることになっていました。そのため、2つのスクラムチームがそれぞれ安定したチームとして立ち上がるよう、2名のコーチを招いて、最初期のスクラムマスターとしてそれぞれ担当してもらいました。

私たちのScrum@Scaleの組織は、今後も機能開発が進むにつれてチームが増えていくことになっています。そこで、組織全体に対して必要となるスクラムマスターを支援する機関として、前述した書籍の内容を参考に「アジャイルプラクティス」を立ち上げました。最初から参加してもらっている2名のコーチと筆者がメンバーとなっています。

アジャイルプラクティスの役割は、主にScrum@Scaleを実践している組織に対する支援です。しかし、私たちの現場ではScrum@Scaleを実践していないチームも含めた会社全体にその範囲を拡げています。

社内にはScrum@Scaleで組織している私たちの開発組織とは別に、現行システムを運用しているチームも複数あります。そしてそれらの中にもスクラムで取り組んでいるチームがいくつかあります。スクラムマスターの支援という観点では、Scrum@Scaleとそれ以外を分ける意味はあまりありません。「アジャイルプラクティス」は会社全体に対して活動をしています。

注2　Gereon Hermkes/Luiz Quintela, *Scaling Done Right: How to Achieve Business Agility with Scrum@Scale and Make the Competition Irrelevant*, Behendigkeit Publishing, 2020.

　具体的には、週に一度社内のスクラムマスターが任意に集まり、知見の交換や相談をする会を設けました。また、社内のマネージャーに対して、スクラムマスターという仕事をどう評価すべきかの期末査定の支援などもしています。

　スクラムマスターに関連する採用や広報活動も「アジャイルプラクティス」の活動と位置付けています。ジョブディスクリプションを作成したり、採用面接の内容を検討したりしています。外部のアジャイルコミュニティとの関わりにも取り組んでいます。カンファレンスのスポンサー先の検討をしたり、社員がカンファレンスに登壇するためのプロポーザルを提出する支援をしたりしています。

Scrum@Scaleのイベント

　3つのスクラムチームは、1週間をスプリントの期間と定めて開発をしています。Scrum@Scaleとして拡張されたイベントも、この1週間のスプリントの中で実施しています。

スクラムマスターサイクルとしてのイベント

●──SDS

　BチームとCチームそれぞれのデイリースクラムが終わると、SDSを開催します。

　ここには、各チームから代表者が集まります。特にルールとして定めているわけではありませんが、習慣的にBチームからは2〜3名、Cチームから1〜2名のメンバーの参加が多いです。両チームのプロダクトオーナーも、参加を必須とはしていませんが、ほとんど毎回参加しています。

　タイムボックスは15分です。チームのデイリースクラムは1日の仕事のプランニングの要素が強いため、15分を超えることはあまりありません。

しかし、SDSには、チームをまたいで解決すべき課題が多く持ち込まれます。そのため、15分では解決しきれない場合がしばしばあります。このようなときは、SDSはいったん終わらせます。その後、議論に必要なメンバーを絞って、別のミーティングとして仕切り直します。

SDSで、具体的にどういう内容が話し合われたのかの例をいくつか挙げてみます。

- BチームとCチームで連携するためのAPIの仕様確認
- チームとして学習した技術の共有
- チームを横断する共有リソースのリネームの相談
- ライブラリのバージョンアップ戦略の統一の相談
- スクラムイベントのスケジュール変更の相談
- チーム合宿の相談
- メンバーの歓送迎会の相談

● ───スケールドレトロスペクティブ

スケールドレトロスペクティブは隔週で開催しています。本来はスプリントごとに開催するべきですが、以下の理由で今は隔週開催にしています。

- 連動しているチーム数が2チームとまだ数が少ない
- インクリメントそのものは各チーム独自でリリースできるようになっており、SoSとしてインクリメントを統合する作業などは生じていない

今後隔週の開催で問題が生じるようになり、スプリントごとに開催すべきであるとなった場合は、まさにこのレトロスペクティブの場でそれが話し合われることになるでしょう。

スケールドレトロスペクティブの参加者はBチームとCチームからの代表者、各チームのプロダクトオーナーとスクラムマスターです。

これまでのスケールドレトロスペクティブで具体的に話し合われた内容の例を次に挙げます。

- スクラムイベントの時間割の検討

- SoSを形成するチーム編成の検討
- SDSでどのような課題を扱えばよいかの相談
- 複数の役割を兼務しているメンバーを兼務から解放するためのアクションの検討
- EATとSoSそれぞれでどのような課題を扱うかの相談
- リリースプランニングの見直し

隔週の開催以外にも、半期ごとには「むきなおり」なども実施しています。

● ──── EATとしてのイベント

EATとしてのイベントはスプリントごとに1回、EATメンバーが集まるミーティングを開催しています。それと、月1回のふりかえりがあります。

会社として、四半期ごとに経営陣が各事業部の活動をレビューする場があります。その場を仮想的にEATの活動の区切りとみなして、四半期ごとにEATとしての活動計画を立てレビューを受ける、というサイクルを作っています。スプリントごとのイベントと毎月のふりかえり、そして四半期ごとの計画～レビューのサイクルにより、EATがスクラムチームとして動く意識付けがもたらされています。

EATのスプリントごとのミーティングで主に話し合われている内容は次のようなものです。

コラム

むきなおり

スクラムではスプリントごとにレトロスペクティブを実施し、そこで明らかになった改善点を次のスプリントで速やかに適応します。これを繰り返して、小さいサイクルで学習と改善を繰り返します。

レトロスペクティブではスプリントをふりかえりますが、ふりかえりのスコープをもっと広くして、事業計画やプロダクトゴールを点検することも重要です。こうした活動を「むきなおり」と呼びます。

私たちの現場では、四半期ごとや半期ごとなど、会社としての期間の節目にその期間全体のむきなおりを行うことが多いです。

- チームの増員
- メンバーによる研修の受講などの教育計画
- チーフプロダクトオーナーの人選
- 新アーキテクチャと現行システムとのセキュリティ方針のすり合わせ
- 新アーキテクチャと現行システムとの非機能要件のすり合わせ
- チーム合宿や懇親会などの予算

プロダクトオーナーサイクルとしてのイベント

●──メタスクラムのデイリースクラム

BチームとCチームのプロダクトオーナーはそれぞれ1名ずつおり、合わせて2名という規模としては小さいながらも、協調しながらチームとして活動しています。

個別のチームのデイリースクラム、SDSが終わった直後、メタスクラムのデイリースクラムが開かれます。

スプリント期間中、プロダクトオーナーはチームによる開発と並行して、プロダクトバックログアイテムを整える活動などをしています。将来のプロダクトバックログリファインメントで取り扱うべき項目を検討しているため、チームよりも少し未来に目を向けて仕事をしています。

メタスクラムのデイリースクラムでは、プロダクトオーナーどうしがこうしたプロダクトバックログアイテムを整えるための情報を共有します。また、チームがデイリースクラムで1日の作業計画を話し合うのと同様、プロダクトオーナーとして今日はどのような調査活動をしていくか、といった作業計画を話し合います。

●──メタスクラムのプロダクトバックログリファインメント

毎週1回、メタスクラムのプロダクトバックログリファインメントを開催しています。

Bチームのプロダクトオーナーを兼任している全体のチーフプロダクトオーナーが、組織全体のプロダクトバックログを作ります。プロダクトバックログリファインメントでは、それに対して見積りをしてリリースプラ

ンニングを作成します。

また、全体のプロダクトバックログから、どのチームがどのプロダクトバックログアイテムを担当するかを検討したり、必要に応じて分解したりします。

1週間のカレンダーまとめ

図7.2は、私たちがScrum@Scaleを運用している組織全体のイベントカレンダーです。カレンダーはSoSのレトロスペクティブで変更することがあります。実際、私たちはこれまでの運用期間の中で数回カレンダーを変更してきました。したがってこのカレンダーは固定したものではなく、ある時点でのスナップショットです。

スプリントの期間は、全チーム共通で1週間です。情報の流れが最もスムーズになるよう、デイリースクラムは連続して開催します。

各チームのイベントの実施タイミングは、それぞれにある程度の裁量があります。AチームとCチームは、スプリントが水曜日に始まって翌週の火曜日に終了するサイクルです。Bチームは少し異なっています。水曜日にすべてのスクラムイベントを実施し、それ以外の日を作業期間として活動しています。

AチームとCチームは、火曜日のレトロスペクティブが終わってから翌日のスプリントレビューが始まるまでの間、スプリントに含まれないわずかな期間が生じます。この期間を利用して、開発者が学習をしたり、開発環境を整えたりする自由時間としています。

Bチームも、当初はほかのチームと同じサイクルで活動していました。しかし、自由時間の活動はスプリント期間中にまかなえるので、平日の業務時間はすべて作業時間として扱いたいというアイデアがレトロスペクティブで出ました。それを受けて、Bチームはほかのチームと少しだけ異なるサイクルの活動になっています。

このように、チームの個別の活動はチーム自体に裁量が委ねられています。ですが、チーム間の協調をスムーズにするためには、ある程度チームの活動サイクルがそろっている必要があります。私たちのScrum@Scale組

図7.2　Scrum@Scale組織全体のカレンダー

	月	火	水	木	金
9時				EAT ミーティング	
10時	各チーム デイリースクラム / スケールド デイリースクラム / メタスクラム デイリースクラム	各チーム デイリースクラム / スケールド デイリースクラム / メタスクラム デイリースクラム	各チーム デイリースクラム / スケールド デイリースクラム / メタスクラム デイリースクラム	各チーム デイリースクラム / スケールド デイリースクラム / メタスクラム デイリースクラム	各チーム デイリースクラム / スケールド デイリースクラム / メタスクラム デイリースクラム
11時		Aチーム スプリント レビュー	Bチーム スプリント レビュー		
12時	Aチーム バックログ リファインメント	Cチーム スプリント レビュー / Aチーム スプリント プランニング	A C B / Cチーム スプリント プランニング / Bチーム レトロスペクティブ		Bチーム バックログ リファインメント
13時	昼休み	昼休み	昼休み	昼休み	昼休み
14時	Cチーム バックログ リファインメント	Aチーム レトロスペクティブ / Cチーム レトロスペクティブ	Bチーム スプリント プランニング		メタスクラム バックログ リファインメント
15時			スケールド レトロスペクティブ		
16時					

織では、原則として水曜日を起点としたサイクルで統一するという約束事を設けています。つまりあるチームが個別に、月曜日にスプリントプランニング、金曜日にスプリントレビュー、というようなサイクルで活動することは認めていません。

組織構造の変遷

　ここまで紹介したのが、私たちの現在のスナップショットです。Scrum@Scaleというフレームワークは、組織を継続的に改善しやすいことが特徴の一つである、とこれまでにも何度か紹介してきました。ここからは、私たちの組織の立ち上げ当初から現在に至るまでの変遷を紹介します。

初期状態

　図7.3は、一番はじめにこの組織が立ち上がった時点を表した図です。最初から複数のチームで始まりました。

図7.3　立ち上げ初期

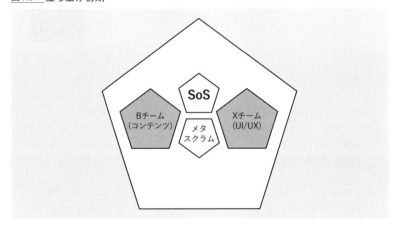

　この時点でScrum@Scaleに取り組むことは決まっていたので、2つのチームはSoSとメタスクラムで協調しています。

　将来の拡張の起点として、それぞれのチームが原則に従ってスクラムを導入していくべきだとの考えにより、社外から2名のアジャイルコーチに参画してもらいました。2名のコーチには、それぞれのチームのスクラムマスターとしてチームの立ち上げに専念してもらいました。

●───2チームで開始したアーキテクチャ上の理由

　Scrum@Scale組織が立ち上がる以前、私たちはPoCを実施しました。その結果、新しいシステムのアーキテクチャの基本としてCQRSパターンを採用することを決めました。

●───CQRS

　CQRSはCommand and Query Responsibility Segregationの略です。日本語に訳すと、「コマンド・クエリ責務分離」となります。

　あらゆるメソッドは、アクションを実行するコマンドか、呼び出し元にデータを返すクエリかのいずれかに責務が分離されていなければならない、という考え方です。コマンドを「書き込み」、クエリを「読み取り」と置き換えてみるとわかりやすくなります。

　我々が扱うビジネスチャットシステムでは、コマンドとクエリにそれぞれ次の**表7.1**のような異なる要件がありました。

表7.1　コマンドとクエリの要件整理

要件	一貫性／可用性	データ形式	スケーラビリティ
コマンド	一貫性重視。最新の書き込みが反映されなければならない。一般的には強い整合性が必要	正規化されたデータを保存する	全体のリクエストに対して少ない比率。必ずしもスケーラビリティが重要ではない
クエリ	可用性重視。最新のデータでなくても読めることが重要。結果整合性を使う	非正規化されたデータ形式を取得する（クライアント要求に合わせる）	リクエスト比率の大部分を占めるため、スケーラビリティが重要

　ビジネスチャットシステムとしての具体的な例を挙げると、次のような特徴を持ちます。

チャットメッセージの投稿などはコマンドとし、チャットルームのタイムラインの表示をクエリとして分離します。そうすると、たとえば障害が発生した場合、メッセージの投稿には失敗しても、投稿済みのメッセージは正しく読むことができる、といった特徴が現れます。

このように、コマンドとクエリで異なる要件をそれぞれ隔離することを目的として、CQRSパターンを採用しました。

●───チームをコマンドとクエリに分離

CQRSパターンを採用することによって、コマンドとクエリの2つがチームを分割する大きな分割点になることが明らかになりました。そこで、逆コンウェイ作戦の最初の出発点として、2つにチームを分割した状態で開発をスタートすることになりました。コマンド部分を開発するコンテンツチーム（図7.3のBチーム）と、クエリ部分を開発するUI/UXチーム（図7.3のXチーム）です。

4ヵ月目　認証・認可基盤チームが立ち上がり3チーム体制へ

2チームで開発がスタートしてから4ヵ月ほどで組織構造に変化が生じ、図7.4のように3チーム体制になりました。新しく増えたAチームは認証・認可基盤を扱うチームです。

プロダクトにとって、認証・認可の機能はコアコンピタンスでありません。新しくプロダクトを作り込んでいく際には、顧客に価値を提供できる最小限のものから作っていくべきであるとされています。これをMVP（*Minimum Viable Product*）と呼びます。ビジネスチャットシステムにとってはユーザーがメッセージを書き込み、別のユーザーがそれを読めるものがMVPです。ログインやユーザーの情報を識別する機能は多くのプロダクトにとってはMVPの範囲外となるため、本当に必要になるまでは先送りにせよというのがセオリーです。

しかし今回私たちが扱っているのは、現行システムを段階的に新しいアーキテクチャに置き換えていくという仕事です。新しいアーキテクチャでユーザー認証や認可をどう扱い、現行システムとどのように整合性を取り

図7.4　立ち上げ4ヵ月目

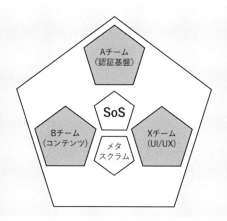

ながら移行していくか。これは開発初期からの関心事として必要な考え方
でした。

　最初の4ヵ月間は、Bチームで認証・認可のしくみも同時に扱いながら開
発を続けていました。ですが前述したように、認証・認可機能はプロダク
トとしてのコアコンピタンスとは少し離れた関心事を扱います。そのため、
自前での開発ではなく、外部の認証・認可を扱うSaaSサービスへの移行を
早い段階から検討していました。

　そうしたことから、Bチームがビジネスチャットとしての本質的な機能
開発に専念するため、新しいチームを作ることになりました。認証・認可
基盤をSaaSを利用しながら構築し、現行システムからの移行とそのあとの
運用を担うチームです。これがAチームです。

　Aチームのメンバーは、Bチームから数人がこちらに移り、現行システ
ムを扱うチームからも何名か招き入れて組織しました。

　Aチームのプロダクトオーナーは、当初Bチームのプロダクトオーナー
が兼務していましたが、のちに社内から専任のプロダクトオーナーを抜擢
しました。

6ヵ月目　開発スコープの変更によるチーム再編

チーム立ち上げから6ヵ月目の構造が**図7.5**です。CQRSのクエリを扱っていたXチームがなくなり、Cチームとなっています。

図7.5　立ち上げ6ヵ月目

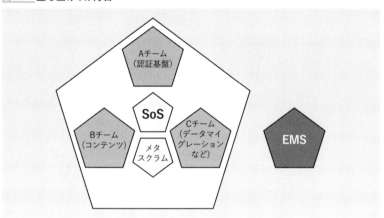

開発が始まってから半年が経ち、次第にアーキテクチャの詳細が明らかになっていました。開発立ち上げ当初から活動しているBチームとXチームは、CQRSパターンにおけるコマンドとクエリをそれぞれ独立して担当しています。これはつまり、ビジネスチャットシステムにおけるコマンドの責務のすべてと、クエリの責務のすべてをそれぞれのチームで扱っていることを意味します。

ユースケースの詳細を検討しながら開発が進み、必要な機能や設計が少しずつ明らかになりました。それによって各チームの認知負荷が徐々に高まっていきました。

また、同じ時期にエグゼクティブの集まりによるEMSが発足していました。

チームの認知負荷の高まりに対して、全体の方針に関する決定機関であるEMSからスコープの見直しの提案が出されました。

チームの認知負荷を下げるには、チームを増やしてそれぞれのチームが扱う範囲を限定するか、チームの数はそのままでやるべきことを減らすか

の2通りがあります。

　チームの増加は、この時点ではプロダクトオーナーやスクラムマスターをスケールすることが難しく、現実的ではありませんでした。また、一度に複数のチームを増やせるほどの開発者が社内にいませんでした。

　そこで、コマンドとクエリと同時に開発する方針を変更することになりました。クエリ側の開発を一時的に休止し、コマンド側の開発に専念することとしたのです。

　こうして、Xチームが一時的に活動を止めることになりました。メンバーはそのままCチームとして再編し、Bチームが扱っていたコマンド側の開発作業のいくつかを切り出して、それを受け持ちました。

8ヵ月目から現在　SoSの再編とEAT

　活動開始から8ヵ月目に、**図7.6**の構造となる大きな再編がありました。ここからさらに数ヵ月が経過した時点で、本書を執筆しています。本書執筆現在とほぼ同じ構造になったのがこのタイミングです。

図7.6　立ち上げ8ヵ月目以降から現在

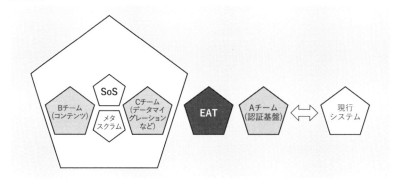

　大きな変化として、3チームで形成していたSoSとメタスクラムからAチームが離脱しました。また、EMSがなくなってEATになっています。それぞれ理由を説明します。

●──── SoSの再編

Cチームは、前の項で説明したように、CQRSのコマンドとクエリで責務分割していたXチームが元の姿でした。その後認知負荷を軽減するために開発スコープを見直し、当面はコマンド側の開発に専念することとなりました。そのため、CチームはBチームから関心事のいくつかを切り離したものを開発対象としていました。必然的に両方のチームが扱っている関心事の領域は近くなり、チーム間の情報も比較的頻繁にやりとりが必要になりました。

一方で、Aチームは認証・認可基盤を扱っています。これは、当時のBチームがプロダクトのコアとなる関心事へ集中できるように分離したものでした。Aチームが扱う領域は、Bチームが扱うコアコンピタンスから比較的遠い位置にある関心事を分離しているため、情報のやりとりはそれほど必要となりません。

こういった状況は、毎日のSDSの中で兆候として表れていました。SDSに持ち込まれる課題は、BチームとCチームの協調のために必要なものが多くなっていました。他方AチームからSDSに課題が持ち込まれることはそれほど多くありませんでした。

ある日のSoSのレトロスペクティブで、BチームとCチームはSoSとして頻繁なコミュニケーションが必要だが、Aチームはそうでないことが議論されました。結果としてSoSを再編し、Aチームはそこから離れることになりました。実際に離れてみて、活動に支障が出るようであればまた元に戻せばよいとしつつも、今のところAチームを元のSoSに戻そうという提案は出ていません。

●──── EMSからEATへ

EMSの活動が始まってから数ヵ月が経っていました。これまでの活動をふりかえった結果、議論の傾向にある特徴が見つかりました。

ここまで説明してきたように、私たちは現行システムを新しいアーキテクチャに移行する仕事をしています。これまでの期間を通して、EMSはスコープの変更という、開発方針に対する大きな意思決定をしていました。これは紛れもなくEMSとしての仕事でした。ですが、この大きな意思決定

以外に日々扱っている課題は少し様子が違いました。アーキテクチャ移行という性質上、技術的な課題や計画の進め方など、いわゆる「How」に関する課題を扱っていることが多かったのです。

プロダクトオーナーサイクルの中核であるEMSは、プロダクトのためにチームが何をするべきかの「What」を扱います。プロダクトのために、チームがどのように動くべきかの「How」を扱うのは、スクラムマスターサイクルの中核であるEATの役割です。

そういったことから、役割に関しての議論がなされ、結果として現状のEMSをEATとして再編することになりました。EMSは、現行システムのプロダクト方針を検討する人たちと合流しつつ、あらためて立ち上げていくことになり、現在にいたっています。

12のコンポーネントの自己採点と 変革バックログ

個別のスクラムチームは、スプリントごとにレトロスペクティブを実施しながら、検査・適応の改善のサイクルを回しています。それと同様、私たちが運用しているScrum@Scale組織全体としても継続的に改善のサイクルを回しています。

組織全体に対する改善のサイクルの主体となっているのはEATです。アジャイルプラクティスが改善活動を支援しています。

Scrum@Scaleの構造がある程度できあがり、それぞれのイベントが滞りなく進み始めた時点で、私たちは自己採点を実施しました。具体的には、第5章で紹介した12のコンポーネントそれぞれに対して、「できている」「できていない」を判別していきました。次に、12のコンポーネント全体に対して、自分たちにとって重要度の高いものから順に並べることもしました。

その結果として、まだ正しく実装しきれていないコンポーネントが、重要度の高いものから並んでいるリストを作ることができました。これが変革バックログです。変革バックログは本書の第6章で紹介した考え方です。

　変革バックログはEATの持ち物として、アジャイルプラクティスの支援のもと継続的に取り組まれます。EATの毎月のふりかえりや、四半期ごとの経営陣に対するレビューの場で、実施状況を点検します。こうして、Scrum@Scale組織全体の改善のサイクルが回ります。

まとめ

　本章では筆者が所属している現場の実際の様子を例として、Scrum@Scaleの実例と、組織の変遷を紹介しました。

　2つのチームで開発と組織づくりをスタートさせ、開発作業の進展によって状況が明らかとなるのに合わせて柔軟に組織全体を再編しています。また、12のコンポーネントの取り組み状況を自己採点し、変革バックログを作成して改善に取り組んでいます。

参考文献、URL一覧

- スクラムガイド
  https://scrumguides.org/docs/scrumguide/v2020/2020-Scrum-Guide-Japanese.pdf

- The Official Scrum@Scale Guide
  https://www.scrumatscale.com/scrum-at-scale-guide/

- Scrum@Scale ガイド
  https://scruminc.jp/scrum-at-scale/guide/

- アジャイルを組織全体に拡大する
  https://scruminc.jp/scrum-at-scale/

- LeSS公式サイト
  https://less.works/

- Nexus公式サイト
  https://www.scrum.org/resources/nexus-guide

- SAFe公式サイト
  https://scaledagile.com/jp/

- Frederick P Brooks, Jr. 著、滝沢徹／牧野祐子／富澤昇訳『人月の神話【新装版】』丸善出版、2010年

- Jeff Sutherland 著、石垣賀子訳『スクラム──仕事が4倍速くなる"世界標準"のチーム戦術』早川書房、2015年

- Mike Cohn 著、安井力／角谷信太郎訳『アジャイルな見積りと計画づくり──価値あるソフトウェアを育てる概念と技法』マイナビ出版、2009年

- 西村直人／永瀬美穂／吉羽龍太郎著『SCRUM BOOT CAMP THE BOOK【増補改訂版】──スクラムチームではじめるアジャイル開発』翔泳社、2020年

- 貝瀬岳志／原田勝信／和島史典／栗林健太郎／柴田博志／家永英治著『スクラム実践入門──成果を生み出すアジャイルな開発プロセス』技術評論社、2015年

- Mark Pearl 著、長尾高弘訳、及部敬雄解説『モブプログラミング・ベストプラクティス──ソフトウェアの品質と生産性をチームで高める』日経BP、2019年

- Matthew Skelton／Manuel Pais 著、原田騎郎／永瀬美穂／吉羽龍太郎訳『チームトポロジー──価値あるソフトウェアをすばやく届ける適応型組織設計』日本能率協会マネジメントセンター、2021年

- Peter Michael Senge 著、枝廣淳子／小田理一郎／中小路佳代子訳『学習する組織──システム思考で未来を創造する』英治出版、2011年

● Roman Pichler著、江端一将訳『スクラムを活用したアジャイルなプロダクト管理──顧客に愛される製品開発』ピアソン桐原、2012年

● Steve McConnell著、長沢智治監訳、クイープ訳『More Effective Agile──"ソフトウェアリーダー"になるための28の道標』日経BP、2020年

● Zuzi Sochova著、大友聡之／川口恭伸／細澤あゆみ／松元健／山田悦朗／梶原成親／秋元利春／稲野和秀／中村知成訳『SCRUMMASTER THE BOOK──優れたスクラムマスターになるための極意──メタスキル、学習、心理、リーダーシップ』翔泳社、2020年

● Nicole Forsgren Ph.D／Jez Humble／Gene Kim著、武舎広幸／武舎るみ訳『LeanとDevOpsの科学──テクノロジーの戦略的活用が組織変革を加速する』インプレス、2018年

● Mike Julian著、松浦隼人訳『入門 監視──モダンなモニタリングのためのデザインパターン』オライリー・ジャパン、2019年

● Melissa Perri著、吉羽龍太郎訳『プロダクトマネジメント──ビルドトラップを避け顧客に価値を届ける』オライリー・ジャパン、2020年

● Jonathan Rasmusson著、島田浩二／角谷信太郎訳『ユニコーン企業のひみつ──Spotifyで学んだソフトウェアづくりと働き方』オライリー・ジャパン、2021年

● Craig Larman／Bas Vodde著、榎本明仁監訳、荒瀬中人／木村卓央／高江洲睦／水野正隆／守田憲司訳『大規模スクラム Large-Scale Scrum(LeSS)── アジャイルとスクラムを大規模に実装する方法』丸善出版、2019年

● John P.Kotter著、村井章子訳『ジョン・P・コッター 実行する組織──大企業がベンチャーのスピードで動く』ダイヤモンド社、2015年

● John P.Kotter／Holger Rathgeber著、藤原和博訳、野村辰寿絵『カモメになったペンギン』ダイヤモンド社、2007年

● Gereon Hermkes, Luiz Quintela, *Scaling Done Right: How to Achieve Business Agility with Scrum@Scale and Make the Competition Irrelevant*, Behendigkeit Publishing, 2020.

● Heidi Helfand, *Dynamic Reteaming: The Art and Wisdom of Changing Teams, 2nd Edition*, Oreilly & Associates Inc, 2020.

● Jeff Sutherland, James O. Coplien, *A Scrum Book: The Spirit of the Game*, Pragmatic Bookshelf, 2019.

● リアクティブは難しいが役に立つ
https://creators-note.chatwork.com/entry/2020/11/20/170416

● 検証中の新しいアーキテクチャをご紹介します！！ - Chatwork Creator's Note
https://creators-note.chatwork.com/entry/2020/12/02/090000

● リアクティブマイクロサービス入門(2/2) - 実現編
https://qiita.com/crossroad0201/items/e7d4bcb68979caa76abb

索引

著者プロフィール

粕谷 大輔（かすや だいすけ）

Chatwork株式会社 エンジニアリングマネージャー

SIer、ソーシャルゲーム開発でのエンジニア業務、サーバー監視ツール開発のディレクターを経て、2021年より現職。Scrum@Scaleを実践しながら開発組織の整備、会社全体のアジャイル化を推進している。

装丁・本文デザイン ·············· 西岡 裕二
レイアウト ························· 酒徳 葉子
編集 ······························· 池田 大樹

ウェブディービー　プレス　プラス
WEB+DB PRESS plus シリーズ

スクラムの拡張による組織づくり
かく ちょう　　　　　　　　　　　　　　そ しき
複数のスクラムチームをScrum@Scaleで運用する
スクラムアットスケール　　　　　　　　うん よう

2023年9月8日　初版　第1刷発行

著者 ···························· 粕谷 大輔
かす や だいすけ

発行者 ························· 片岡 巌

発行所 ························· 株式会社技術評論社
東京都新宿区市谷左内町21-13
電話　03-3513-6150　販売促進部
　　　03-3513-6175　第5編集部

印刷／製本 ···················· 日経印刷株式会社

● お問い合わせ

本書に関するご質問は記載内容についてのみとさせていただきます。本書の内容以外のご質問には一切応じられませんので、あらかじめご了承ください。

なお、お電話でのご質問は受け付けておりませんので、書面または弊社Webサイトのお問い合わせフォームをご利用ください。

〒162-0846
東京都新宿区市谷左内町21-13
株式会社技術評論社
『スクラムの拡張による組織づくり』係
URL https://gihyo.jp/（技術評論社Webサイト）

ご質問の際に記載いただいた個人情報は回答以外の目的に使用することはありません。使用後は速やかに個人情報を廃棄します。